城乡融合发展的东莞特色风貌塑造

唐孝祥　白　颖　刘远星　陈文杰　著

中国建筑工业出版社

图书在版编目（CIP）数据

城乡融合发展的东莞特色风貌塑造 / 唐孝祥等著 .
北京 ：中国建筑工业出版社，2025. 4. -- ISBN 978-7
-112-30892-7

Ⅰ. TU984.265.3

中国国家版本馆 CIP 数据核字第 2025VG5117 号

责任编辑：唐　旭　高　瞻
责任校对：芦欣甜

城乡融合发展的东莞特色风貌塑造

唐孝祥　白　颖　刘远星　陈文杰　著

*

中国建筑工业出版社出版、发行（北京海淀三里河路9号）

各地新华书店、建筑书店经销

北京光大印艺文化发展有限公司制版

建工社（河北）印刷有限公司印刷

*

开本：880毫米×1230毫米　1/16　印张：17¾　字数：461千字

2025年4月第一版　2025年4月第一次印刷

定价：**65.00**元

ISBN 978-7-112-30892-7

（44539）

城乡融合发展是遵循客观发展规律的必然结果，能够有效破除城乡二元问题，释放乡村经济活力，是进一步推进乡村振兴战略的重要内容。东莞作为粤港澳大湾区的中心城市之一，正处于城乡融合的发展阶段。2017 年，党的十九大报告提出实施乡村振兴战略，建立健全城乡融合发展的体制机制和政策体系。城乡特色风貌的塑造是城乡融合发展的重要内容之一，直接反映出城乡融合在视觉感知上的效果。然而，东莞的快速城镇化致使乡村特色风貌欠缺、城乡资源不平衡等问题凸显，影响了城乡融合的高效发展，使城乡特色风貌塑造面临现实挑战。习近平总书记指出："建筑贪大、媚洋、求怪等乱象由来已久，这是典型的缺乏文化自信的表现。城市建设应树立高度文化自信，妥善处理好传统与现代、继承与发展的关系，更好地体现地域特征、民族特色和时代风貌"。党的二十大报告明确提出："要建设宜居宜业和美乡村"，从美丽乡村到和美乡村，乡村地域特色文化的重要性不断加强，对其进行特色风貌塑造研究与乡村未来建设发展相契合，为城乡融合背景下的乡村风貌特色延续性发展指明了方向。在东莞全域划定乡村风貌片区，融合"山、水、林、田、海、宅"等各类自然要素与人文要素，绘制乡村特色风貌地图，重塑乡村风貌特色，彰显东莞独具魅力的乡村风貌，是彰显与提升东莞乡村价值，城乡融合发展的重要举措。

目前，粤港澳大湾区的城乡建设已进入深度发展、高度融合的阶段，率先面临实现城乡全面融合的现实挑战。2019 年，《粤港澳大湾区发展规划纲要》提出，大湾区要建成充满活力的世界级城市群，建设具有岭南特色的宜居城乡。2020 年，广东省委、省政府印发实施《广东省建立健全城乡融合发展体制机制和政策体系的若干措施》，推动形成落实"一核一带一区"区域发展新格局的差异化城乡融合发展机制。东莞作为粤港澳大湾区的中心城市之一，探索城乡融合背景下的东莞乡村风貌塑造，具有重要意义。

随着城镇化进程的推进，国家相继提出新农村建设、城乡统筹治理、新型城镇化等一系列发展战略。党的十九大提出乡村振兴战略，作为协调城乡二元结构的重要举措，明确了"产业兴旺、生态宜居、乡风文明、治理有效、生活富裕"的总体要求，乡村建设上升到新的战略高度。中共中央 国务院印发的《乡村振兴战略规划（2018—2022 年）》对乡村建设提出新的总体要求和发展目标，提出坚持乡村振兴和新型城镇化，优化乡村"三生"空间，推动乡村基础设施建设。乡村振兴战略的提出是对经济、生态、文化、社会、政治在乡村区域建设布局的深度延展。如今，如何深入理解乡村振兴战略内涵，并根据乡村的实际情况，开展人居环境、产业发展、生态环境、文化传承和村庄自治等方面的提档升级，挖掘乡村的多功能价值，是乡村建设的焦点问题。

广东省将乡村风貌建设聚焦于体现岭南地域特征、民族文化特色和时代发展特点中。2019 年 7 月，广东省印发《广东省实施乡村振兴战略规划（2018—2022年）》，规划指出完善乡村宜居生活空间，保留原有乡村特色与人文环境，维护原生村居与生活风貌，建成各具特色的生态宜居美丽乡村。同年，在《广东省推进粤港澳大湾区建设三年行动计划（2018—2020年）》中进一步提出，强调促进城乡区域融合发展，实施乡村振兴战略。2020年8月广东省政府发布《广东省人民政府关于全面推进农房管控和乡村风貌提升的指导意见》明确将农房管控、风貌提升纳入广东省推进乡村振兴战略实绩考核。2021年2月21日，中央一号文件《中共中央、国务院关于全面推进乡村振兴加快农业农村现代化的意见》发布，提出加强乡村风貌建设，把全面推进乡村振兴作为实现中华民族伟大复兴的一项重大任务。2021年2月，广东省住房和城乡建设厅、广东省自然资源厅发布《广东省乡村风貌修复提升指引》（试行版），归纳了广东省传统乡村风貌特征，并提出了自然环境、农房建筑、生产建筑等要素的风貌提升及基本做法。2020年8月，广东省政府发布《广东省人民政府关于全面推进农房管控和乡村风貌提升的指导意见》明确将农房管控、风貌提升纳入广东省推进乡村振兴战略实绩考核。2021年2月，广东省住房和城乡建设厅、广东省自然资源厅发布《广东省乡村风貌修复提升指引》（试行版）。2005年，党的十六届五中全会中的"乡风文明、村容整洁"，将乡村环境风貌改革提上日程。2013年，国家层面首次提出建设"美丽乡村"的目标："大力整治农村居住环境，努力建设美丽乡村。"其中，指出乡村风貌不仅包括自然山水环境，还有乡村建筑中的民俗文化内涵。

城市通过聚集各种要素，推动着我国的各种创新。城乡是互为依存的共同体，城乡平衡发展、乡村充分发展是实现城市与乡村价值提升的必由之路。提升乡村功能价值，推进城乡融合向着城乡互动双赢发展，是城乡融合背景下城乡建设的根本要求。东莞作为改革开放排头兵和前沿阵地，创造了"东莞奇迹""东莞模式"。2014年，东莞被列入国家新型城镇化综合试点城市，率先探索城镇化制度改革。2017年，东莞城镇化率为89.86%，排名全国第三，仅次于深圳、佛山。同时，东莞围绕乡村振兴，城乡融合等政策要求，制定了一系列的政策文件，采取系统全面的措施，着重促进城乡的环境、产业、服务等的高度融合。对标松山湖高标准的城市环境品质，围绕城乡统筹、城乡一体化、城乡融合等政策统一推进城乡基础设施规划建设、提高城乡生态环境建设，打造生态、宜居、宜业、宜游的城乡融合美丽风貌示范区；充分利用现有自然资源和国家级创新平台优势，创新发展新项目，如电子信息、生物医药、智能装备制造、新材料、新能源等产业，推动城乡产业发展高效融合。2019年，东莞制定了《关于通过强化功能区统筹优化市直管镇体制改革的总体方案（试行）》和15份配套实施方案，推行通过强化功能区统筹城乡体制机制融合。因此，在城乡融合的背景下，将东莞作为研究对象展开特色风貌塑造的探讨，与时代需求、区域发展相吻合，具有以下重要的意义与价值。

第一，现实需求——紧迫性。粤港澳大湾区城市群正面临城乡全面融合的现实挑战，城乡特色风貌塑造是提高城市影响力、推动城乡融合发展的有效途径。随着粤港澳大湾区发展建设、城乡融合发展，珠三角城市群将进一步提升城乡风貌品质，而乡村地区作为大湾区各个城市的重要组成部分，其城乡风貌直接影响着整体协同发展。在东莞城乡风貌塑造中，充分发挥乡村承载的生态、历史、文化等资源价值，对进一步促进城乡要素合理高效流动具有重要意义。以建设"城乡等值，共存共荣，共建共享"的城乡融合为目标，东莞致力打造城乡高质融合示范区、共建都市湾区幸福栖居地，先后制定了《东莞市农民安居房乡村风貌导则》《东莞市农房设计通用图集》等技术文件。东莞作为改革开放的先行者、实践者，其乡村地区经历了从传统岭南风貌向现代风貌的快速转变，正向着城乡深度融合的目标前进，城乡风貌面临整合与提升的挑战。发达经济体的城乡一体化，并不是城市"化掉"乡村，乡村的主体功能并不能因城市的发展而消亡或削弱。

第二，东莞案例——典型性。东莞作为粤港澳大湾区的中心城市之一，探索城乡融合背景下的东莞城乡特色风貌塑造无疑具有一定的普适性。东莞是我国城乡融合发展的典型示范区。一方面，东莞作为广东省的历史文化名城，其乡村地区有着丰富的传统建筑资源和深厚的建筑历史文化底蕴；另一方面，东莞作为改革开放的前沿阵地，随着工业化、城镇化、信息化的不断推进，城乡建设自1978年以来经历了"外延扩张"式的发展，乡村风貌日新月异。由于长期以来无差别化的全域城市化规划管理，城市与乡村均质混杂，城乡建筑风貌日益趋同。乡村风貌逐渐丧失其自身特色，亟待加强乡村人居环境改善，完善乡村风貌管理体系。通过汲取传统建筑风貌特征，引导现代建筑"动态延续"地发展。对东莞乡村风貌进行特征挖掘与现代延续能够有效解决其风貌趋同的问题，同时也为我国其他城乡融合发展地区乡村风貌塑造提供重要参照。

第三，横向课题项目的实践支撑。本书选题基于东莞乡村促进中心实践课题"东莞乡村建筑形态与风貌分类指引研究"（项目编号：DGXCZX202001）及"基于美丽中国建设理念的东莞城乡特色风貌塑造指引研究"（项目编号：DGXCZX202101）的研究，在课题的基础上，从城乡融合发展的视角切入，基于文化地域性格理论认知剖析阐释乡村价值，归纳东莞乡村风貌类型及特点，构建风貌要素体系，科学引导东莞乡村风貌塑造，以期为城乡融合发展背景下的城乡风貌建设提供参考借鉴，并作为课题成果的延伸研究与系列课题相互补充支撑。

乡村特色风貌的塑造不仅是传承和发展地域建筑文化的有效手段，也是乡村振兴战略的核心内容，更是推进城乡深度融合的关键步骤。这一过程对于保护和弘扬地方特色具有不可替代的作用，同时为城乡间的持续互动和共同发展奠定了坚实的基础。本书以广义建筑学理论、人居环境科学理论和文化地域性格理论为基础，综合运用建筑学、规划学、风景园林学等学科方法，通过文献分析、实地调研和图像分析等手段，深入调研、分析了东莞乡村建筑风貌的总体现状、特色风貌片区的划分以及风貌要素体系。结合《东莞市乡村建设规划（2018—2035年）》《东莞市农民安居房乡村风貌导则》等官方文件，针对各风貌片区现存问题，以延续和传承地域建筑风貌特色内涵、满足时代审美需求为理念，横向提出总体塑造策略，纵向深入分析并提出针对各片区的风貌塑造指引，系统地对东莞城乡风貌特征进行识别，并提炼出具有浓厚东莞地域特征的风貌要素，旨在实现在城乡融合背景下东莞乡村风貌特色的塑造。本书的研究内容将围绕以下几个方面展开。

第一，响应国家发展战略要求。乡村是我国的根基，是我国社会结构中的重要组成部分。东莞乡村风貌塑造不仅关乎文化和经济层面的提升，更是实施社区和谐与美丽乡村战略的关键环节。通过融合传统风貌与现代生活方式，构建的美丽乡村不仅符合国家美丽中国建设与发展的战略目标，也响应了城乡一体化发展的时代要求。在城乡融合背景下的东莞乡村风貌塑造，优化乡村建筑和环境布局，处理好城乡发展与减排、短期和中长期的关系，提升居民的生活质量，营造幸福、富饶、和谐的居住环境。

第二，落实区域发展需求。为实现城乡高质量发展，必须从"重视数量"转向"提升质量"，既要建设品质城市，也要促进城镇发展由外延式向内涵式转变，促进城镇化可持续发展。推进落实东莞市突出品质建设，全力打造"湾区都市，品质东莞"的目标要求，促进将东莞建设成国际一流湾区中宜居、宜业、宜游的高品质都市。通过打造具有地域特色的乡村空间，可以为地区经济发展提供新的动力。特色鲜明、魅力独特的乡村空间不仅能吸引游客、增加旅游收入，还能激发新的商业模式和创意产业，为地区带来更多的就业机会和经济活力。

第三，促进东莞城乡特色风貌融合。东莞拥有丰富而多元的文化遗产，这些不仅是历史的沉淀，也构成了地域身份的核心。通过系统地识别和凝练这些地域特有的风貌要素，不但能保护和传承这些珍贵的文化资源，而且能显著增强城乡居民对地域文化的自豪感和归属感。从城乡融合的宏观战略出发，深入分析并细化影响东莞城乡特色风貌的关键元素，结合各主体功能区及不同类型的村庄特色，实施差异化的策略。这样的做法将有效促进城乡间的有机融合，延续并强化东莞乡村的独特功能和风貌，从而推动地域特色与现代化进程的和谐统一。

第四，推动东莞城市高质量发展。乡村区域是东莞市城市发展的关键空间保障。然而，统一化的城市规划管理导致了城乡之间的界限模糊，以至于东莞的城市和乡村特色逐渐同质化，乡村地区的独特风貌和文化特色不断流失。通过系统塑造东莞乡村特色风貌，塑造高品质的乡村人居环境和高质量的乡村发展路径。不仅能够有效提升该地区的整体形象，还能增强外部对东莞的认知，提升东莞的吸引力，这种独特的地域形象将使东莞在国内外市场中凸显，成为其在国际舞台上的一张亮丽名片，为城市整体的品质提升提供支持。

体现东莞乡村建筑文化独特魅力，造就人文资源的唯一性和特质性，是塑造乡村风貌的有效途径。形成特色鲜明、魅力独特的东莞乡村空间，为地区经济创新增长提供特色化的空间载体，带动广大乡村地区的风貌塑造，推动东莞乡村建设成为美丽、幸福、魅力、富饶、和谐的湾区都市魅力栖居地。还原城乡真实生活，传承城乡传统文化，东莞城乡风貌建设，有益于完善乡村宜居生活品质，提高乡村生产生活水平，充分挖掘乡村承载的生态、历史、文化等资源，塑造独具特色的东莞乡村风貌。

目录
CONTENTS

第 1 章

东莞乡村风貌形成及现状

　　东莞乡村风貌的形成是一个漫长而复杂的过程，其特征主要体现在文化的多样性与新旧风貌的融合上。本章结合史料和近现代学者的研究成果，系统地从自然地理环境、社会时代背景及世俗文化内涵三个维度探讨了东莞乡村风貌的发展机制。通过深入分析东莞乡村风貌的演变及其现存的问题，为进一步探讨东莞各片区特色风貌塑造的理论与方法提供了坚实的基础和明确的研究方向。

1.1　东莞乡村风貌的成因

　　乡村风貌受其所处的自然环境、历史文脉、社会经济等相关因素共同影响而形成。"风"者，即风土、风物、风情，由人文、历史、习俗等构成的一种气场和氛围；"貌"者，可以感知，得以外显，具有诉诸视觉整体环境的可识别性。二者叠加，就展现出一种显性层次，呈现为地域气候、地理环境、文化传承、历史习俗等在空间上的综合表达[①]。从宏观层面上看，自然环境因素决定了乡村风貌的存在形态；而历史性、民族性和时代性特点，是乡村风貌于中观层面所呈现出的最主要构成因素；从微观层面看，社会的进步、经济的发展是促进风貌形成的重要因素。充分了解乡村风貌的形成的影响因素，是认知乡村风貌的基础。

　　东莞乡村风貌的形成是动态演进的，在此过程中受到自然、社会、人文等因素的影响。本节将东莞乡村风貌置于不同时期下的特定环境中进行分析，应用建筑美学中审美适应性理论工具，从乡村风貌的自然适应性、社会适应性、人文适应性三个方面，通过分析东莞乡村所处的自然地理环境、社会时代背景、世俗文化内涵三个层面梳理其风貌形成与发展过程，探析其风貌形成与变化的历史过程，全面把握东莞乡村风貌演进的历史规律，以整体识别其风貌特征及现状，进而为东莞特色风貌塑造策略的提出奠定基础。

1.1.1　自然地理环境

　　乡村风貌的形成与发展和其所处的地理环境密不可分，自然环境不仅构成了乡村风貌的根基，还提供了其存在的空间基础。通常，相似的自然气候和地理位置会导致同一地区内乡村风貌展现出一致的空间环境和格局特征。通过对东莞地理位置、地形地貌以及气候条件的详尽分析，探讨这些自然因素如何影响其乡村风貌的形成。

---

①　王建国. "大同小异"与"和而不同"[J]. 住宅与房地产, 2020 (35)：29.

（1）水陆皆宜的珠江三角洲地理区位

东莞位于广东省中南部，是珠江三角洲城市群的核心城市之一，也是粤港澳大湾区的关键辐射城市。东莞靠近东江下游入海口的战略位置，地理位置优越，东江—珠江三大支流之一在此汇入珠江干流。地处珠江三角洲平原与岭南丘陵山地的交界，东莞因此享有水陆交通的便捷条件。自古以来，此地便享有便利的交通和发达的经济。区内河流网络发达，航运条件优越，自明代以来已建立 32 个渡口，至清代更增至 43 个。这些渡口促进了东莞与广州、佛山等地的商贸往来，对本地建筑材料的流通与建筑风格的演化产生了深远影响。东莞南接国际金融、经济与贸易中心香港，西邻文化交流重镇澳门，这为改革开放后"三来一补"企业的涌入提供了重要契机，促进了乡村地区的经济发展和文化交流。东莞通过东江与潮汕地区相连，可直通我国东部沿海地带，同时向北、西通过北江和西江直达广东省北部和西部地区。这些都为其乡村建筑的形成和外来建筑文化的吸收与融合提供了坚实的自然和地理基础。

（2）山水田海的地形地貌

东莞的地形地貌呈现出西北低、东南高的分布特征，地形多样化，涵盖平原、丘陵、河流和滨海等多种类型。在东莞东南部，主要是低山和中山区，其中银瓶山作为该区域海拔最高点（约 898.2 米），展现出连绵起伏的山脉景观。中南部区域则主要由低矮山丘和台地组成，为寒溪水、石马河等河流的源头。西北部由东江入海口形成三角洲冲积平原，地势相对平坦。西南部靠近珠江口，是典型的沙田区，地势平坦且略显低洼，临近的海域和河滩增添了地理多样性。东北部位于东江边缘，以分散的岗地和河谷平原为主，地势较平缓。这些复杂的地形不仅丰富了东莞的自然景观，也促使当地建筑设计和空间规划充分考虑地形条件，形成与自然环境相适应的多样化风貌。

在东莞乡村风貌发展形成过程中，水系扮演了核心角色。东莞内的水域主要由东江、石马河和寒溪水三大水系组成，其中约 96% 的水域属于东江流域。东江自惠州市入境，向西流至石马河口，然后继续向西流过石龙镇并分为南北两条主要支流。北支流经过石滩，汇集其他小溪后，流入狮子洋的大盛口附近；而南支流则流经石碣、道滘等地，最终在沙田镇的泗盛口汇入狮子洋。这一丰富的河网系统不仅为东莞的水乡景观提供了物质基础，也促进了岭南文化特色的形成和发展。

（3）湿热多雨的气候条件

东莞位于北回归线以南，濒临南海，地理坐标于北纬 22°39′～23°09′、东经 113°31′～114°15′ 之间，属于亚热带季风气候区。该地区因受太阳高度角影响，全年气候特征为夏季长、无明显冬季，具有充足的阳光和丰富的降雨，空气湿度较高，常年气温保持在 20℃ 以上，每年低于 5℃ 的日数极少。因此，虽然东莞经历冬季天气，但并不具有典型的冬季气候。此外，由于靠近海域，东莞的气候也展现出明显的海洋气候特征，包括温度变化幅度小、季风显著等优点。然而，也存在由海洋气候引起的一些不利因素，如频繁的海洋气候干扰等。这种独特的气候条件对当地的生态环境、农业发展和居民生活都产生了深远的影响。"五岭以南，通号瘴乡。然郡邑之依山者，草茅障蔽，岚气郁蒸，故为害也深。若乃濒海之地，气稍舒泄，则瘴疠亦少。东莞近海，山势平夷，绝无瘴气，称为善地，凡北人侨寓者亦皆乐其风土"[1]。

与此同时，东莞地区常受台风、暴雨等极端天气的影响。其位于珠江口的东南方向，呈喇叭状向外

---

① （明）吴中，修；卢祥，纂. 重刻卢中承东莞旧志. 疆域 [M]. 影印. [出版地不详]. 国家图书馆藏残存卷，1464（明天顺八年）.

展开，加剧了该地区风暴潮的频繁发生。历史记载中，有关东莞地区向南延伸形成的海岸线常受台风影响。因此，东莞传统乡村建筑的屋檐倾斜角度较为平缓，既能迅速排水应对暴雨，又有利于减弱台风的破坏力。此外，建筑屋顶多开设天窗，当地人称为"亮瓦"，以增加室内采光。

综上所述，东莞的地域气候影响了乡村风貌的形成发展，同时也促使其在适应自然气候环境的过程中形成了独特的风貌特征。

1.1.2　社会时代背景

乡村风貌的演进与其时代背景密切相关，时代背景是乡村风貌持续发展的关键动力。不同的社会经济条件、历史事件等往往塑造了乡村景观、建筑、公共空间、人文活动等风貌要素的变迁。通过历史背景、社会制度、经济因素等对东莞乡村风貌发展的主要影响进行分析，可以更好地理解乡村风貌演进的时代精神，从而洞察其背后的动因。

（1）历史背景影响

文献详细记录了东莞乡村建设的起源和演变，展示了东莞乡村深厚的历史底蕴。东莞原属于"百越"地区和番禺县，于东晋咸和六年（公元331年）设县，最初名为宝安，唐代至德二年（公元757年）改称东莞，明清时期则归属于广州府。在唐宋时代，广东地区的建筑业开始蓬勃发展，乡村建筑数量显著增加，然而，这一时期的住宅平面布局大多遵循北方中原地区的四合院式样。

宋代及之后的珠江三角洲在中原和江南地区移民南迁的影响下，开始了大规模的开发和建设。众多乡村自宋代起便开始筑基立村，进行围垦造田和村庄规划建设，如茶山镇约80%的乡村建筑便是在宋代建成。北方移民的有意集体南下，使得在新定居地依然保持了聚族而居的传统布局模式。

在东莞地区，中原文化与古越文化地持续融合与发展逐渐形成了具有广府、客家、疍家特征的多样乡村风貌。宋代时期，广东的府州县城建设普遍兴起，这一发展大幅推动了东莞乡村风貌的更新与革新。此时期，乡村建筑业蓬勃发展，不仅建筑类型丰富多样，数量也显著增加，为乡村景观的变迁奠定了基础。明清时期，随着社会经济和建筑技术的繁荣发展，东莞乡村风貌得到了进一步的塑造。建筑材料，如砖瓦的广泛使用以及砖雕、石雕、木雕、彩画、灰塑、陶塑等装饰技术的广泛应用，尤其在祠堂建筑中的表现，使得乡村建筑装饰达到了富丽堂皇的程度。同时，根据防御需要或地域特色，乡村地区还建造了具有鲜明时代和地域特征的碉楼、炮楼、门楼、水棚等建筑，展现了乡村风貌的多样性。近现代时期，外来文化的影响促使东莞乡村风貌开始吸收并融合西方建筑元素，新型建筑风格如碉楼、骑楼等逐渐成为乡村景观的一部分。然而，中华人民共和国成立以后，东莞快速的城镇化进程中乡村风貌经历了新旧交替，传统乡村建筑特色逐渐退化，风貌的持续性和传承面临挑战。这一时期的乡村风貌变迁不仅体现了文化的融合和创新，也反映了传统与现代化冲击下的适应与变革（图1-1-1）。

（2）社会制度影响

在传统礼制社会下，宗族制度对乡村聚落的选址、空间格局及公共活动等方面产生了深远的影响（图1-1-2）。在宗族秩序的框架内，乡村聚落的布局通常依据血缘关系的社会组织进行设计与建设，村落中的居民往往根据同一宗族或相近宗族的血缘纽带进行集中居住。东莞的传统乡村聚落大多由单一姓氏构成，多姓氏共居的血缘村落则较为少见。在宗族制度的影响下，乡村建设的布局更加重视稳定性和封闭性。这种布局不仅反映了社会组织和文化价值观的内在要求，也体现了对维护宗族纪律和增强集

唐宋时期	明清时期	近现代时期	当代时期

城乡建设高潮下"风格确立"

乡村振兴下"文化传承"

移民潮下"中原建筑文化"

战争纷乱下"文化蜕变"

| 汉文化作为乡村建筑文化主体；乡村建筑大量增加，但此时建筑平面布局仍多为北方中原四合院式的布局模式 | 东莞乡村建筑岭南风格逐渐确立；砖雕、石雕、木雕、彩画、灰塑、陶塑等建筑技艺在这一时期逐渐成熟 | 乡村建筑在动态演变中沉淀和蜕变，在与西方建筑文化互动中融合中西方建筑文化内涵 | 东莞乡村建筑面临新旧建筑风貌整合，以及乡村建筑文脉延续的当代创新 |

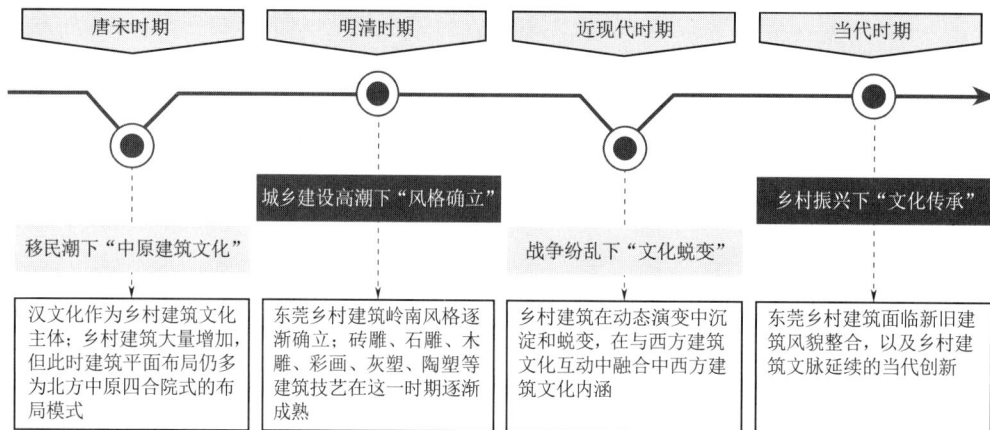

图 1-1-1 历史事件对东莞乡村风貌影响
（图片来源：课题组 绘）

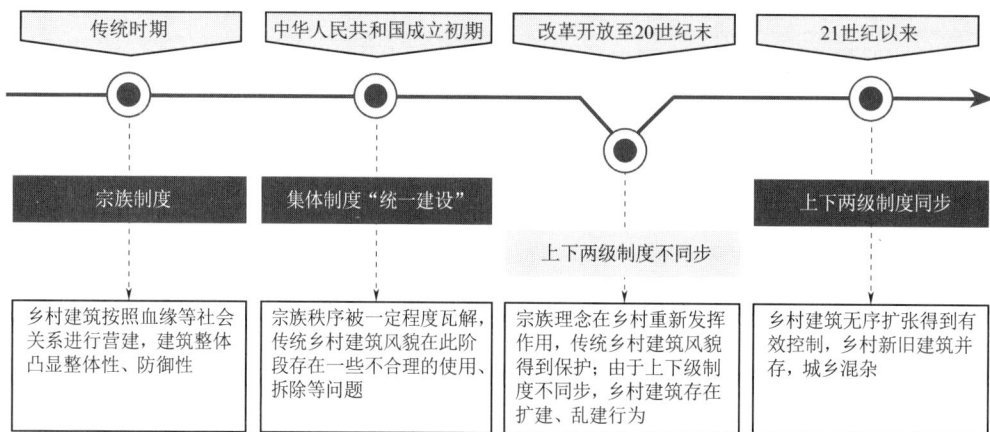

传统时期	中华人民共和国成立初期	改革开放至20世纪末	21世纪以来

宗族制度

集体制度"统一建设"

上下两级制度同步

上下两级制度不同步

| 乡村建筑按照血缘等社会关系进行营建，建筑整体凸显整体性、防御性 | 宗族秩序被一定程度瓦解，传统乡村建筑风貌在此阶段存在一些不合理的使用、拆除等问题 | 宗族理念在乡村重新发挥作用，传统乡村建筑风貌得到保护；由于上下级制度不同步，乡村建筑存在扩建、乱建行为 | 乡村建筑无序扩张得到有效控制，乡村新旧建筑并存，城乡混杂 |

图 1-1-2 社会制度对东莞乡村风貌影响
（图片来源：课题组 绘）

体认同感的需求。因此，祠堂建筑作为宗族活动的中心，其建设被赋予了极高的重要性，不仅是宗教和文化活动的场所，也是强化宗族纽带和传承宗族文化的核心空间。此外，村落的防御体系，如围墙、瞭望塔等建筑的构建，也显得尤为关键，既保护了村落的安全，也加强了村落的封闭性和自足性，这在历史上是适应外部威胁和内部秩序维护的必要措施。《广东新语》记载："岭南之著姓右族，于广州为盛。广之世，于乡为盛。其土沃而人繁，或一乡一姓，或一乡二三姓……每千人之族，祠数十所，小姓单家，族人不满百者，亦有祠数所。[①]"东莞乡村的祠堂繁盛以及围墙、门楼等防御建筑的建设，是岭南地区传统宗族秩序影响的重要体现。这些结构不仅承载了宗族的文化和精神价值，也反映了当地社会组织的严密结构和对内外安全的高度重视。中华人民共和国成立初期，随着集体制度的推行，东莞乡村传统风貌遭受了一定程度的破坏。社会结构和生产方式的根本变化导致传统建筑和社会组织形式被改变或废弃。改革开放后，由于上层规划与地方实际行为的脱节，东莞的乡村建筑面临无序扩张的问题。这种无序扩展不仅影响了村落的传统风貌，也带来了资源配置和环境保护的问题。随着时间的推移，东莞的

---

① （清）屈大均. 广东新语［M］.《广州大典》第 218 册，影印清康熙三十九年（1700 年）木天阁刻本，广州：广州出版社，2015.

规划制度经历了多次调整，以适应不同时期的发展需求。然而，国家制度与村集体行为之间的不同步，特别是在乡村宅基地建设发展中的不协调，对东莞乡村风貌的现状产生了显著影响。村民住宅作为乡村风貌的重要组成部分，其建设与发展情况直接影响了乡村整体的美观与功能性。

在国家政策的引导下，东莞对乡村宅基地的开发与建设实施了一系列规定，旨在控制无序扩张并引导规范化发展。例如，1982 年东莞市发布的《东莞县城乡建设管理的规定》首次明确了乡村建房用地的标准。紧随其后，根据 1987 年国家《土地管理法》，东莞市同年制定了《东莞市村镇非农业用地管理实施细则》，对宅基地面积进行了严格限制。2001 年，随着《东莞村镇规划管理规定》的出台，乡村规划的实施采取了统一领导，严格执行"一书两证"制度，从而有效控制了乡村住宅建筑的无序建设。

然而，尽管有这些规章制度，一户多宅和宅基地买卖的现象仍在村集体中存在较长时间，导致东莞乡村住宅建筑呈现出新旧混杂的风貌。以寮步镇横坑村为例，20 世纪 80 年代之前，该村集体住宅建设几乎无明显管制，处于无序开发阶段。20 世纪 90 年代，横坑村实施了"统一征收、统一规划、统一开发"的政策，按户分配宅基地，这种措施导致了东莞乡村地区常见的密布式建筑肌理。21 世纪初，随着工业建筑的兴起和乡村土地日益紧张，村集体采用经济手段进行宅基地买卖，加剧了"一户多宅"的现象出现。自 2005 年起，随着宅基地分配制度的取消，住宅建筑的无序扩张逐渐得到遏制。与此同时，东莞乡村建设从粗放型逐步过渡到集约型。工业建筑由分散布局转向"集中入园"，宅基地审批过程也变得更加严格，乡村风貌逐渐受到规划引导和控制。

在东莞推进宜居城市建设的过程中，城乡融合发展不断深化。这一策略强调在发展过程中吸纳传统乡村建筑的精髓，挖掘和重新塑造乡村风貌的新形象，目标是实现文化的传承与可持续的社会经济发展。对于东莞乡村风貌的未来规划，关键在于平衡历史价值与现代化需求，制定旨在引导村集体和个体行为的合理政策，以确保乡村风貌的有序演进。此外，政策制定应特别注意保护和恢复乡村的传统文化特色，这不仅是对历史遗产的尊重，也是实现乡村可持续发展战略的关键组成部分。具体措施可以包括建立乡村文化遗产保护区、推广使用本地传统建筑材料及技术以及支持传统手工艺和乡村艺术的复兴等。通过这些努力，东莞能够确保其乡村风貌在现代化进程中不仅保留其独有的历史魅力，同时也能适应现代社会的功能需求，从而成为真正意义上的宜居、宜业、宜游环境。这种综合性的发展策略将促进社会的整体和谐，为未来几代人创造一个更加美好和可持续的生活空间。

（3）经济因素影响

东莞乡村的选址、日常生活、文化传播等都与时代经济紧密相连。明清时期之前，东莞还是以农田为主要经济来源，建筑与农田收入密不可分，如祠堂建筑就有专门的祭田用来作经济支撑。明清时期，东莞成为农业生产和商品经济最发达的地方之一，为祠堂等乡村公共建筑、"糖寮"等乡村生产建筑的兴盛奠定了坚实的经济基础。随着财富的积累，许多宗族开始造祠修庙，一度形成"每千人之族，祠数十所；小姓单宗，族人不满百户者，亦有祠数所"[①]的场景。明清时期是广东社会经济文化发展的重要历史时期，明清时期广东海外贸易繁荣，东莞逐渐成为我国沿海的重要贸易场所之一，其农业商贸活动增多，直接影响着乡村建筑的选址和整体格局。东莞莞香在当时经济繁盛，而运输莞香则从寮步香市集散地发货，然后通过寒溪河、东江而转运至沿海各个港口。当时以莞香商品经济为主的乡村，如寮步镇

---

① （清）屈大均. 广东新语 [M].《广州大典》第 218 册, 影印清康熙三十九年（1700 年）木天阁刻本, 广州: 广州出版社, 2015.

西溪村，选址位于寒溪河西侧而得名，其村落选址体现着以近水为佳的乡村选址理念。中华人民共和国成立后至改革开放前，这一时期乡村建筑的新建设量较小，同时，在集体经济和土地改革背景下，传统乡村的族群关系、社会秩序被打破，传统乡村公共建筑的功能也随之瓦解。如宗祠、庙宇等建筑大部分被征用，用作学校、粮仓、公社等新型公共空间。乡村甚至出现拆除原有围墙、门楼、民居建筑的砖瓦等材料，以用来建设新的公社农场、活动礼堂。例如，南社村在20世纪60年代便将明代修筑的村落围墙以及个别门楼拆除以获取建筑材料，村落整体建筑的防御性逐渐褪去，这也为改革开放之后新的乡村居住组团的外拓提供了契机。这一阶段乡村建设以集体建设为主，个人独立建设新的房屋建筑的行为很少，较多的是在原址上进行拆旧建新或原址修缮（图1-1-3）。改革开放之后，东莞依靠政府的政策和其地处沿海、毗邻港澳的地缘优势，以"三来一补"为支点，在乡村地区建设工业建筑，使得乡村迅速积累了资本，直接影响了乡村外围物质空间环境的格局（图1-1-4）。

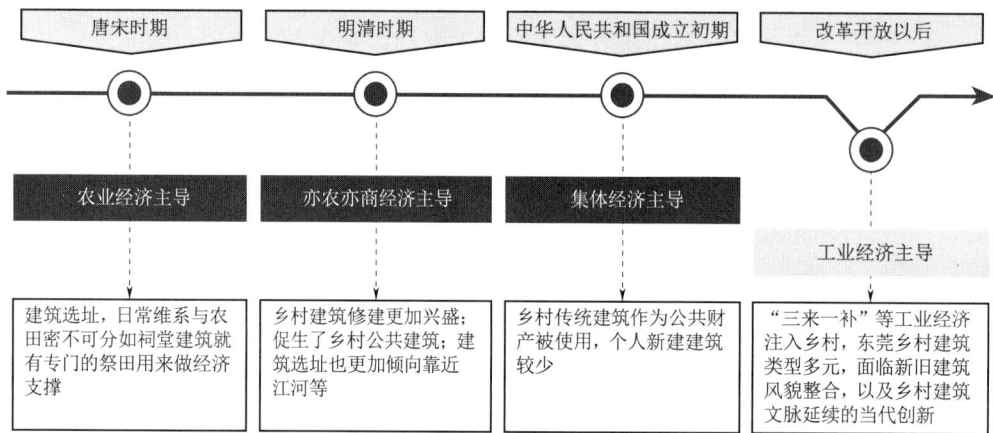

图 1-1-3 经济因素对东莞乡村风貌影响
（图片来源：课题组 绘）

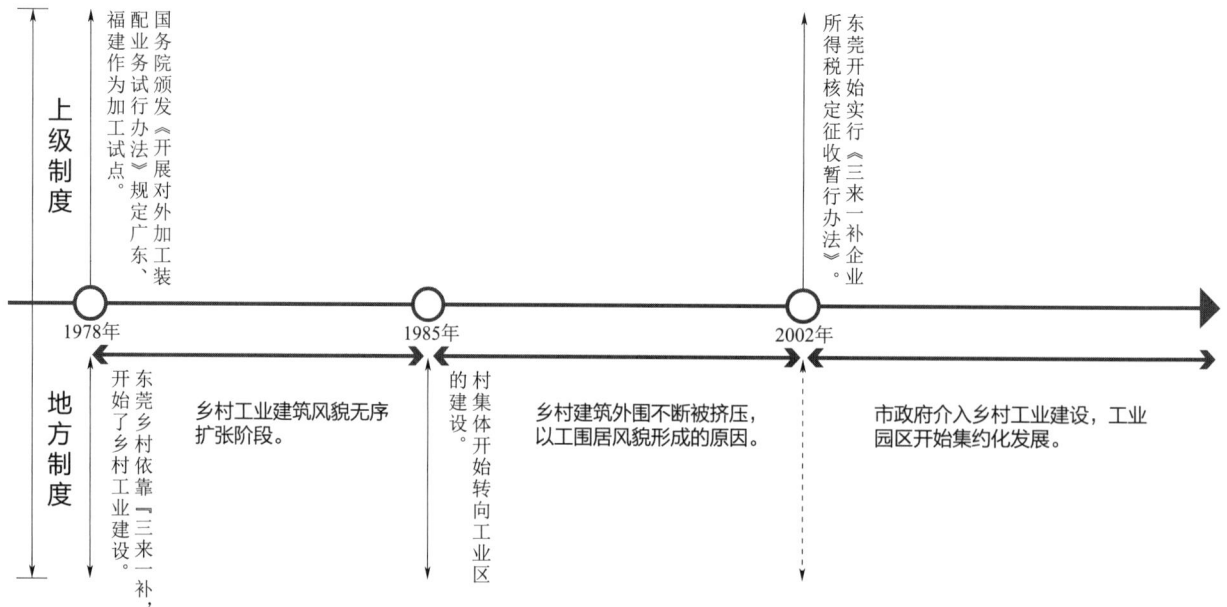

图 1-1-4 改革开放以来东莞地方经济对乡村风貌影响
（图片来源：课题组 绘）

更为深层的是，个人资本的快速积累、城乡物质要素的大量流通，使得人们迅速转变了建筑思想，建筑单体的外形材料、颜色装饰等风貌要素得到快速更新换代。随着乡村城镇化的不断推进，以及乡村建筑使用主体的观念转变，不恰当的建设行为在乡村蔓延，使得原有建筑关系、建筑肌理等被破坏，并且烙印下了不同社会时代下的风貌肌理。而深入乡村内部，一座座风格迥异、标新立异的现代建筑将地域建筑的风貌内涵抹杀，新旧建筑风貌之间的鸿沟越来越宽。

1.1.3 世俗文化内涵

乡村风貌的表达与演变与其所承载的世俗文化紧密相连，文化的传播和交流为不同地区及民族文化的融合发展提供了动力，这种融合是乡村风貌得以传承和延续的关键内生因素。岭南文化具有深厚的历史根基，形成了独特的文化体系。在岭南文化的基础上，以中原汉文化为主轴，同时融入了其他地区文化及西方文化，经过长期的互动和创新，逐步演变成一个多元化的文化体系。这一过程中，岭南文化和中原文化经历了多次深度融合，特别是中原地区的民族迁移和人口流动促进了双方文化的相互影响和传播。明清时期，随着西方文化的渐进输入，岭南文化对西方元素的吸收与融合，进一步丰富了其建筑文化的多样性，形成了融合中西建筑特色的独特风格。东莞，作为岭南文化的重要发源地之一，其乡村文化展现出对广府文化、客家文化和疍家文化等多种地域文化基因的吸收和融合，这种开放性和兼容性的人文内涵在其乡村风貌中得到了充分体现。这种风貌的发展变化不仅反映了地方建筑的技术和美学的演进，更是地区文化持续生长和演化的直观表现。

（1）根深叶茂的广府文化

岭南文化在历代的文化交流过程中，因其独特的地理位置和气候环境、人文精神的影响，孕育了地域特色鲜明的建筑文化。岭南文化在其内部又形成了多种分支文化共存、共融的文化特征。现有研究多从民系演变与分布特征、文化地理学等视角出发，以不同地区中当下盛行的文化特征的差异作为文化划分依据。以司徒尚纪《广东文化地理》为代表的文化地理学研究将广东文化区划分为广府文化区、客家文化区、福佬文化区、汉黎苗文化区，本书的研究对象地理范围东莞市位于广府文化的核心区。同时，位于东江上游地区的客家人以梅州市为中心向外辐射，在历史上多向广府地区迁移，所以地处广客交界区的东莞则潜移默化地受到两种文化交融的影响。从整体上看，东莞地区的建筑形态体现为广府文化对客家文化的影响[1]。

（2）绵延不绝的客家文化

东莞地区的客家人主要源自粤北、粤东等省内地区，迁移始于康熙八年（1669 年）"迁海复界"期间，持续至鸦片战争前夕。这一时期，来自紫金、梅县、兴宁、英德等地的客家人纷纷迁至粤中。到了清代中期，客家人已经迁入东莞东南部及深圳、开平等地。在此过程中，客家文化与当地广府文化及汉族文化相互融合，形成了共生关系[2]。客家乡村聚落的选址布局常遵循"山—水—田"环境格局，即前有水塘，后靠山岗，建筑群则呈现局部梳式布局。由于客家文化相对较晚进入东莞，其乡村和建筑形式展现了既保留客家传统特征，又融入广府文化的区域特色。华侨文化，作为东莞乡村文化的重要组成部

---

① 赵晗. 东莞祠堂建筑遗产价值研究 [D]. 广州: 华南理工大学, 2022.
② 姜磊. 东莞清厦客家围村文化探究 [J]. 兰台世界, 2013（22）: 71-72.

分，起源于华侨对西方及其他域外文化的引入与传播。这一文化的融入为东莞地区注入了新元素，显著影响了当地的乡村风貌。在海外的客家后裔，通常被称为"客侨"，其文化的融合在建筑风格上体现为"中西合璧"的时代特色。例如，凤岗碉楼的塔顶结合了岭南特有的镬耳山墙造型与西方庭院式阳台的设计，形成了一种独特的建筑风格，这种中西结合的建筑风格不仅体现了凤岗客家人对西方文化的自信与包容，还塑造了东莞乡村兼收并蓄的审美文化特征。

（3）独树一帜的疍家文化

东莞作为疍民——珠江下游各分支上的水上居民的主要聚居地之一，承载了疍家族群的厚重历史。自秦朝起，疍家人由南迁的中原人民与南越本土居民的不断融合形成。这一族群的生活方式独特，以船为家，捕鱼为生，其人口众多，形成了富有特色的疍家文化。这种文化不仅反映了疍家人长期生活在海陆交汇之地的生产和生活模式，也体现了其适应江河环境的独特方式。因此，疍家文化是东莞乡村地域文化的重要组成部分，展现了该地区文化的多样性和丰富性。

1.2　东莞乡村总体风貌现状特点

东莞位于粤港澳大湾区和珠江三角洲城市群的战略要地，目前已成为"特大城市"。为了进一步增强作为区域性中心城市的辐射力和影响力，东莞积极挖掘城市性格，彰显城市特色，并致力于打造城市品牌。这包括构建城乡高质融合示范区和共建幸福栖居的都市湾区。在这一过程中，东莞市落实粤港澳大湾区的规划建设，推进品质城市建设，实施全域乡村振兴战略，促进城镇发展由外延式向内涵式转变，并推动城乡要素的顺畅流动、互融共通和协调发展。同时，东莞将农村人居环境改善与美丽东莞建设、城市品质提升进行统筹衔接，与推进"湾区都市、品质东莞"建设紧密结合。2019年2月，东莞成为广东省唯一的农村人居环境示范市，2020年实现了"干净整洁村"的全覆盖。乡风文明建设探索了"文明积分进万家"的全民行动，并率先建立了50个达到广东省特色精品村要求的特色精品村。

在东莞改革发展的整个历程中，乡村地区发挥了极为重要的作用。这一发展经历了传统农业和农村发展阶段、农业工业化和分散式城镇化阶段、以镇为主体的城乡一体化阶段，以及"一中心多支点"的城市现代化和新型城镇化阶段。目前，东莞市对其2465平方千米的区域进行统筹规划和统一建设。在此阶段，乡村地区的居住、环境、设施等方面的矛盾逐渐凸显。为此，东莞市陆续发布了《东莞市农村环境"五整治"工作方案》《东莞市整治旧村工作实施方案》《东莞市宜居城乡建设工作实施方案》等政策文件，以改善乡村环境。

1.2.1　乡村风貌多元化

东莞乡村风貌多元，包含大量且珍贵的物质文化遗产和非物质文化遗产。物质文化遗产如传统民居、碉楼、凉棚等；非物质文化遗产如传统民俗活动、建造技艺等，共同组成了东莞传统乡村风貌内涵。东莞市的传统村落和不可移动文物是研究该地区传统乡村风貌的主要对象。该市拥有2个国家级历史文化名村、7个省级历史文化名村、6个中国传统村落和6个广东省传统村落，以及11个被认定为重要的传统村落。此外，东莞还有2个历史文化街区。这些村落和街区因其建筑与环境的协调性以及建筑群体的完整性而被选为传统村落，是分析东莞传统乡村风貌特征的重要实例。在东莞市公布的459处市级不可移动文物中，古建筑占据了 283 处，约占文物建筑总量的 62%。这一类别包括近现代重要史迹及代表性建筑 137 处，反映了该地区历史上的建筑风格与文化变迁。此外，其他类型的不可移动文物，如古遗址、古墓葬、石窟寺及石刻，共计 39 处，展现了东莞丰富的历史文化遗产和多样化的风貌。海河田自然环境塑造了该地区乡村风貌的特色。广府、客家和疍家文化相互交织并融合，共同构成了具有鲜明地域特色的文化景观。多元文化的融合不仅丰富了东莞地区的文化表达，还凸显了其地域文化的独特性，并体现了乡村风貌的多样性及地域特征。中华人民共和国成立以来，东莞对传统乡村风貌保护做出了大量的工作。20 世纪 80 年代改革开放之前，对于乡村建筑的保护多是个别村落进行，保护的方式也是单纯地从原有村落建筑中搬出，在其周围进行扩建。改革开放之后，形成了村民自下而上以及政府自上而下相结合的风貌保护。东莞市逐渐启动并重视历史文化名城名镇名村的申报工作，积极组织文物建筑的修缮，维护传统乡村建筑的风貌特色。茶山镇南社村、石排镇塘尾村等传统村落陆续被列为中国历史文化名村，村落中的重要建筑遗产被列入各级文物保护单位，乡村建筑整体风貌得以保留和延续（表 1-2-1）。近些年来，东莞市致力于打造"湾区都市、品质东莞"的发展目标，制定了一系列规范性文化遗产保护政策，传统村落的遗产价值不断被挖掘和展示；同时，随着乡村地区自上而下开展的一系列风貌提升、风貌整治等项目的推进，传统村落的活化利用呈现出新旧结合的适应性趋势，部分乡村建筑被置入现代公共功能，如乡村活动中心、乡村陈列馆等功能，成为乡村风貌中的重要风貌要素。然而，未被列入传统村落名单、未被认定为文化遗产的乡村建筑占据着大多数乡村建筑规模体量，也是塑

东莞传统村落地理特点、文化特征总结表　　　　表 1-2-1

序号	村落名称	评定等级				地理特点	文化特征
		中国历史文化名村	中国传统村落	广东省历史文化名村	广东省传统村落		
1	茶山镇·南社村	√	√			平原	广府文化
2	石排镇·塘尾村	√	√			平原	广府文化
3	茶山镇·超朗村		√	√		平原	广府文化
4	寮步镇·西溪村		√	√		平原	广府文化
5	企石镇·江边村		√	√		平原	广府文化
6	塘厦镇·龙背岭村		√		√	山地	客家文化
7	中堂镇·潢涌村			√	√	水乡	广府文化
8	麻涌镇·新基村			√	√	水乡	广府文化
9	凤岗镇·黄洞村			√	√	山地	客家文化
10	清溪镇·清厦村				√	山地	客家文化
11	虎门镇·白沙村				√	滨海	广府文化
		2	6	6	6		

备注：桥头镇·迳联村为东莞市重要传统村落。
　　　桥头镇·邓屋村为第三批全国特色景观旅游名镇名村。

（资料来源：乔忠瑞 绘）

造东莞乡村建筑特色风貌的关键。在实地调研中，笔者发现目前有些传统村落内的乡村建筑仍未得到妥善的保护与修缮，一些建筑甚至被闲置直至杂草丛生，大大削弱了东莞乡村风貌的丰富多元特质。

1.2.2 乡村新建建筑占比大

乡村城镇化建设大面积波及东莞乡村片区，新材料、新技术的运用导致其原有乡村建筑整体形态发生较大变化。乡村在地城市化的不断发展，现代建筑不断蔓延，乡村农田不断转化为居住用地、工业用地，创造了超越传统乡村建筑尺度的现代乡村建筑肌理。对东莞乡村建筑的肌理现状进行分类总结，可分为合院（庭院）组团式肌理、大型组团式肌理、小型独立式肌理三种基本类型。合院组团式肌理以明清等传统建筑为载体，功能基本为普通民居、祠堂等公共建筑。大型组团式肌理为改革开放后在乡村地区建设的工厂等生产性建筑。小型独立式肌理为中华人民共和国成立后的密集式住宅建筑，建筑基本占据全部宅基地面积，传统庭院空间不复存在，且建筑单体之间街巷尺度狭窄，从而形成高密度的建筑组群肌理。改革开放以来，随着乡村工业建筑的激增、乡村经济实力的提升、外来人口的扩张，新建建筑数量剧增，同时人们开始更多地选择现代建筑材料或国外建筑形式建造农房建筑。多元主体的审美意向得到全面表达，乡村新建建筑呈现现代化、西方化的风貌统一现状，东莞各域乡村风貌逐渐趋向同质化，从之前的"千里不同风，百里不同俗"逐渐变为"千村一貌"。据官方统计，东莞农房建筑规模体量巨大，全市已建成农房超过110万栋，农房占用土地资源面积占全市现有住宅面积的近七成。新的建筑材料以及建筑形式的应用，使得建筑色彩逐渐与传统色系异化，大量黄色、砖红等鲜亮颜色逐渐显现。色彩的种类更加多元，颜色的主次占比、色彩明度也都发生了变化。与传统灰白色、土黄色为主色有所不同，由于瓷砖、现代瓦的应用，棕色、红褐色等亮丽的颜色开始变为建筑主色，建筑色彩的明度也更高，整体呈现明艳亮丽的审美感受。由于基本上所有乡村新建建筑单体均采用同样的建筑材料和颜色，在现代化的营建动态过程中，从建筑群体的角度上看，最终积淀为相同的色彩体系，呈现彩化且趋同的现状风貌，导致了乡村建筑整体性风貌的丧失。

1.2.3 乡村风貌新旧对立不统一

东莞乡村风貌因城乡快速发展，呈现出新旧风貌混杂且对立的特点，阻遏了其地域建筑文化的传承与发扬。改革开放以来，乡村环境格局发生转变，乡村建筑布局、风格等在城市化进程影响下也逐渐与传统模式脱离。随着东莞乡村在地城市化的乡村发展演变，乡村农用田地、山水资源被用于满足新的乡村建设需要，耕地逐渐减少，自然环境不断被破坏，乡村建筑环境格局在这一时期已经颠覆以往所追求的"天人合一""顺应自然"的意向。一方面，乡村住宅建筑大幅度扩张，新居建设时，或者在原有范围进行推翻重建，或者在原有居住建筑外围进行扩建，破坏了传统乡村风貌整体氛围；另一方面，工业空间在乡村呈现无序扩张布局模式，"村村点火，处处冒烟"，乡村外围自然环境进一步被现代工业建筑所挤压，乡村工业建筑和居住建筑两者大量混杂交织，新旧建筑风貌对立明显。城乡建筑要素互通是不可避免的也是非常必要的，但现代建筑材料使用单调和缺乏传统建筑文化自信，与传统材料和营建逻辑的脱节，是造成当下东莞乡村风貌特色缺失的重要原因。外墙瓷砖和乳胶漆涂料以其较好的耐磨性被广泛使用；现代建筑材料，诸如水泥、涂料因其坚固耐用、建设施工周期短等特点也被村民广泛使用，本无可厚非，但其过度使用却形成了与传统建筑材料的割裂。村民对新型材料辨识能力还不足，往往都是随其他人意见进行选择，缺少对传统建筑材料的考量和借鉴。另外，不符合乡村环境的现代建筑材料被大面积均质化使用，混凝土、轻钢材料等以同样的肌理形态、同样的建造方式被大面积运用在建筑单体中，形成了各村相同的建筑体量形态。但由于目前尚处于初期阶段，其建筑风貌塑造仍停留在较宏观的东莞全域背景研究以及建筑高度、建筑面积等个别示例风貌要素的管理层面上的引导，如何系统传承和延续传统风貌内涵仍具有较广泛的研究空间。

1.3 东莞乡村风貌现存问题解析

随着粤港澳大湾区和珠江三角洲城市群的城乡融合战略深化，区域风貌品质的提升成为重要议题。东莞市作为珠江三角洲东岸的中心城市，并于 2021 年晋级为"特大城市"，占据了粤港澳大湾区核心地带的战略位置。在此背景下，东莞市不但积极响应大湾区的整体规划要求，而且致力于实现"湾区都市、品质东莞"的发展愿景。市政府采取全域乡村振兴战略，并将城市发展模式从外延扩展转向内涵式增长。然而，快速城镇化过程中显露的诸多问题，如城乡资源配置不均衡、乡村传统特色及文化传承的流失，暴露了现行政策的不足。东莞的实地考察揭示了无差别化的城市规划管理导致城乡建筑风格均质化及文化特色的明显流失。此外，建设规划的盲目性、乡村风貌的杂乱无序以及人居环境的不足，均严重损害了东莞的城市品牌形象，成为城乡高效融合发展的主要障碍。这些挑战突出表现在：自然生态景观、人文景观资源、乡村建筑、公共环境和标识系统等方面，为制定系统性特色风貌塑造规划与策略，应对目前存在的问题进行深入的剖析。

1.3.1 自然生态景观方面：区域发展与自然生态冲突

乡村在地快速城市化衍生了相应问题，在东莞埔田山林水乡滨海等不同片区乡村均面临由于人为活动导致的风貌问题。就埔田片区而言，因工业建筑和居住建筑的无序扩张侵占了农田，从而破坏了传统的田园景观，埔田乡村环境格局结构发生较大改变。一直以来埔田地区传统乡村秉持着"近田、近水、近路"的环境格局营造，深谙传统农耕时期的农业经济观，以及人们追求人与自然和谐共生的环境观。然而，东莞城镇化背景下乡村的建筑空间形态发生了激增式的扩张，新建乡村建筑围绕传统乡村建筑周边进行扩张式建设（图 1-3-1）。后建居住建筑以及"村村点火，户户冒烟"的村级新型工业建筑的建设，不断侵占乡村外围农田空间，对该片区原有"依田而居、河地交织"的环境格局整体性、结构性造成了破坏。

水乡片区的问题首先体现在东莞水乡特有的河涌水系受到了污染和破坏，水乡元素和传统乡村环境格局层次发生明显改变。其次，水系受到污染及土地利用的改变，污染源主要来自工业排放和无序建设，这些活动直接影响了水乡的自然水域和田园景观，如麻涌河沿岸的工业建筑不断扩张侵占了原有水域。改革开放以来随着乡村工业化的建设，工业建筑为了便于货物运输，开始沿着水系呈轴线分布修建，大量侵占滨河岸线，局部水系甚至被新增道路所打断。最终在水系两岸形成了工业建筑林立的现状。乡村形成"厂—村—田—水—路"混合交织的空间形态，呈现"半城半乡"的风貌现状。这直接破坏了乡村环境格局的层次性，造成了破坏，但建设量相对较小，农田仍占据较多的生态空间。21 世纪以来，新基村先后引进五十多家企业，工业建筑迅速沿着新基村外部河涌——麻涌河开始扩张，在工业建筑的无序扩张下，新基村新的布局未能与水系充分结合，水系与不同建筑类型之间的景观营造不充

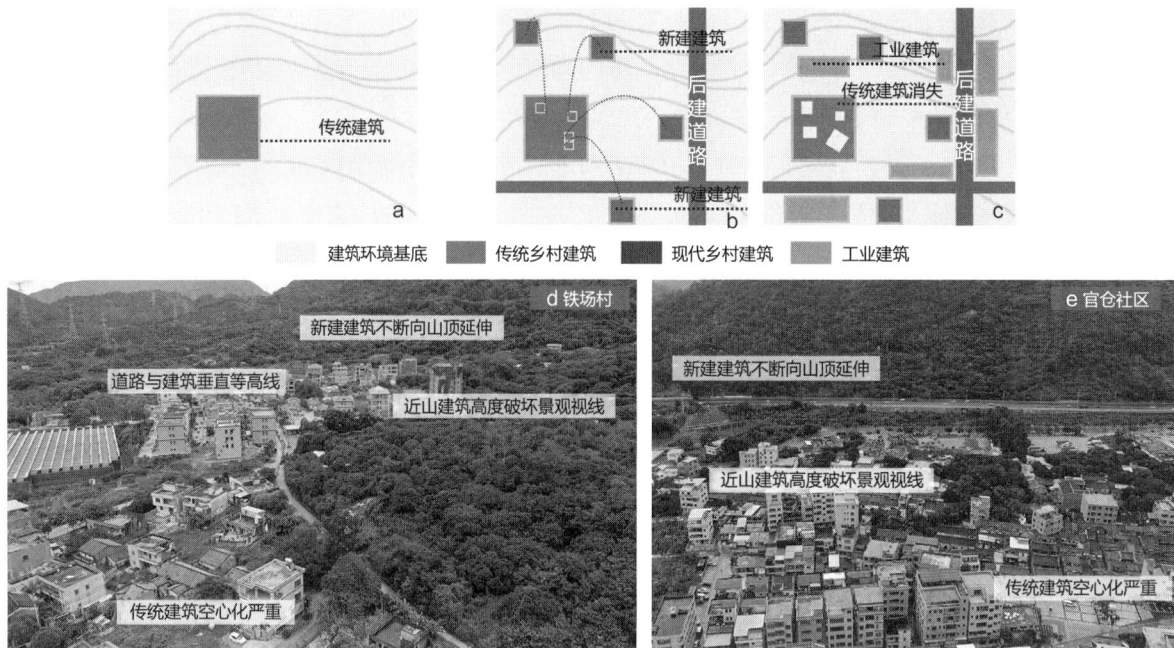

图 1-3-1　山林贫穷乡村建筑散点式扩张图示
（图片来源：乔忠瑞 绘）

分，并且在工业建筑扩张时，对河流进行了局部的硬化取直，破坏了河网水系的原有走向，使得乡村环境格局层次单一（图 1-3-2）。

毗邻海域的滨海片区乡村，在经历了城乡高速发展更新扩张后，面临的主要问题是不合理的土地使用。东莞曾经对其山海格局进行过开垦和利用，如清末民初对堤坝进行加固；中华人民共和国成立之初，开渠引河以满足生活生产等活动，都对其整体山水格局进行了合理利用。然而，在这个过程中，也存在一些破坏山水资源的行为。该片区内乡村建筑全域无差别的扩张式建设，导致了平山填河等不合理建设行为，进一步破坏了原有背山面海的环境格局的完整性。以虎门镇为例，虎门镇原本山势起伏，连绵不绝。据虎门镇志载："虎门之山，原本层峦叠嶂，幽深峻拔者均集中分布于镇境东北部。高程百米之山，四处可见，尤以怀德村后为多，高者达 200～300 米。西境威远岛主峰老虎山，高 148 米；南境沙角山高 60 米；镇中心区的大人山高 103.6 米，鹅公山高 46 米。"中华人民共和国成立以后，特别是实行改革开放后，虎门境内山海面貌改变较大。部分山地被挖平用于修路建房，如沙角村的凤凰山、徐社区的鹅公山、虎门寨社区的纱帽丫山等均已消失。削山填海行为严重破坏了海域和山体的自然状态。如虎门镇的山海环境格局，其中部分山地被挖平用于修路建房，严重影响了生态平衡和自然景观的完整性。这些问题不仅损害了各区域的生态系统，还影响了当地居民的生活质量和地区的可持续发展。

1.3.2　人文景观资源方面：文化遗产与现代化的碰撞

在人文景观资源方面，东莞不同地理片区的乡村因现代化发展与传统文化遗产的碰撞，面临着一系列风貌问题。在埔田片区的乡村土地资源丰富，传统乡村聚落完整，文化遗产资源多元。但在城乡融合发展过程中，新旧建筑的混合形成了以新围旧，以工围居的村落形态，导致人文景观的连续性和协调性受损，如南社村的传统聚落中现代住宅建筑的无序扩张，新旧建筑街巷之间连续性不强，街巷尺度失

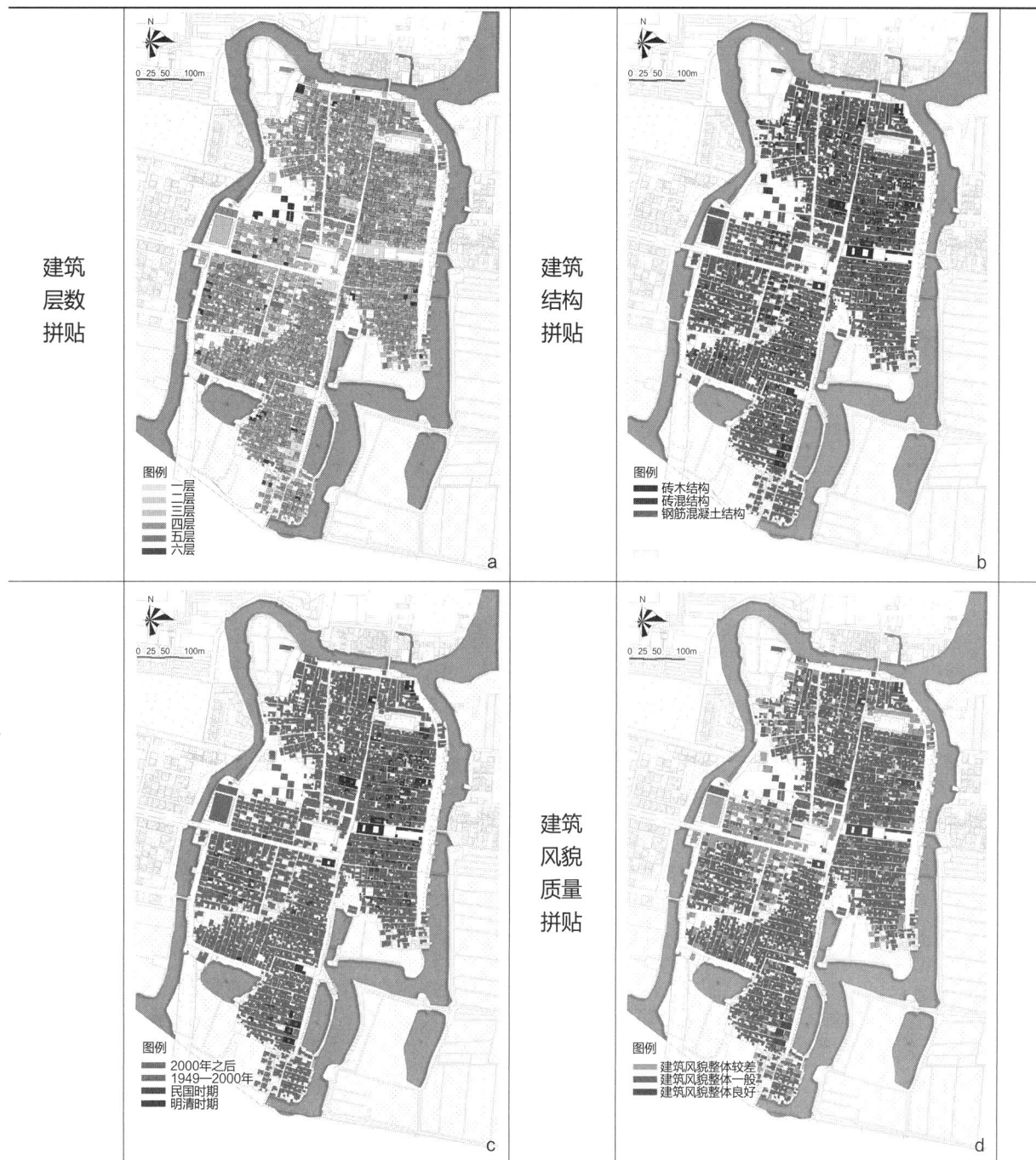

图 1-3-2　新基村新旧建筑风貌对立
（图片来源：课题组 绘）

衡。山林片区的问题则突出表现为缺乏对客家传统建筑的保护与活化利用，在现代化冲击下遭遇空心化和风貌破败，失去了其历史和文化价值的完整保护。新建筑物往往忽略了与原有文化景观的和谐共存，客家片区的文化身份和历史连续性的弱化。

　　在水乡、滨海等地的乡村风貌在快速建设中，更新迭代迅速，普遍忽视了地区特有的水乡、滨海特色风貌。在水乡文化特色未能在新的乡村建设中得到有效体现，民俗文化的传承发展不够，例如疍家文化的保护与传承，往往采用静态式的保护模式，活力明显不足。工业建筑无序侵占滨水岸线，挤压新建建筑，于传统建筑群体之间进行翻修重建，形成新旧拼贴的建筑群体肌理。水乡韵致及滨海风情也随着新建建筑单体与周围环境的割裂而特色尽失。以白沙镇为例，大规模的建设活动改变了原有的山海格局，影响了区域的文化传承。这些问题不仅影响了地区的文化认同，也影响到了历史遗产的传承。

1.3.3 乡村建筑方面：传统与现代建筑的融合挑战

在乡村建筑方面，各片区的发展展示了建筑扩张与自然及传统环境之间的冲突。新旧拼贴、错乱失序的建筑群体肌理成为主要风貌的问题。传统村落内部往往同时出现明清时期砖木建筑以及现代的混凝土建筑，这种肌理上的混合拼贴，虽然反映了不同时期的社会时代背景，却相互独立，破坏了建筑群体风貌的完整性，无序建设和建筑扩张显著改变了传统建筑的风貌与自然的和谐关系，如南社村、塘尾村等历史悠久的传统村落，大量新建住宅挤压原有的村落空间结构，破坏了村落原有布局和美感（图1-3-3）。以南社村为例，其传统乡村环境格局自中华人民共和国成立以来不断变化，改革开放之前，村内建设有限，人们大多在原址上进行个别翻修或者拆除重建，乡村环境格局较为稳定。改革开放以后，住房建设需求突增，而耕地资源较为丰富。于是在村委会的组织下，决定在传统聚落建筑周边统一划定7个村民小组的居住片区，居住用地面积扩张近乎1倍。人们在传统建筑组群周边进行农房建筑组团的扩建，呈现出以传统建筑为核心向外环状扩展的风貌现状（图1-3-4）。

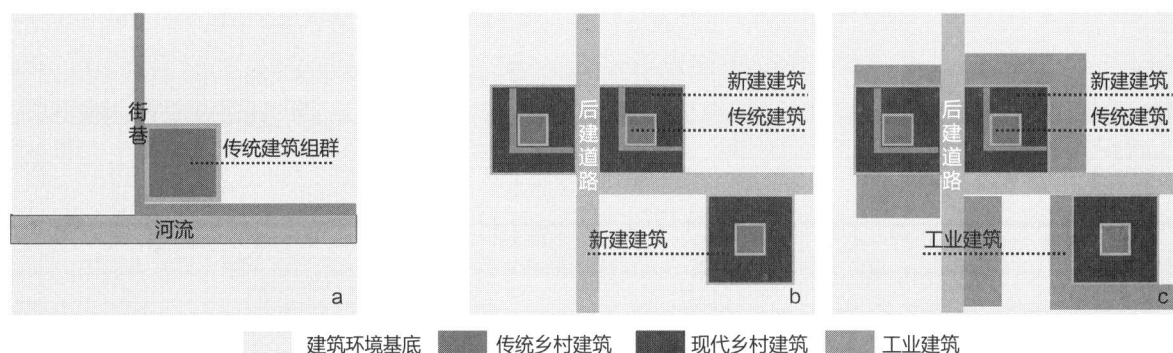

图 1-3-3　埔田片区乡村建筑包围式扩张示意图
（图片来源：乔忠瑞 绘）

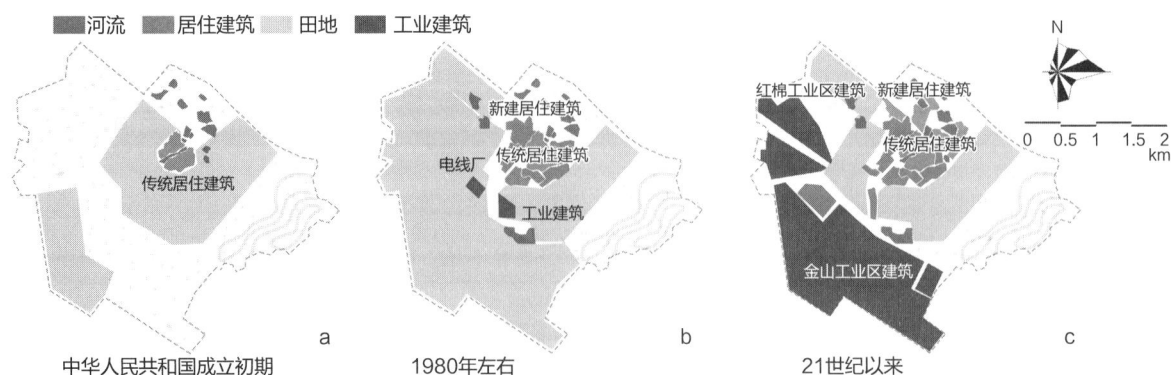

图 1-3-4　南社村乡村建筑包围式扩张过程
（图片来源：乔忠瑞 绘）

山林片区面临的问题则更为严重，在东莞东南部的山林片区的乡村，无序的建设和工业化直接导致山体的削弱和森林的退化，打破了原有的自然和谐。其特有的山体景观受到填挖等破坏，山林元素和传统乡村环境格局整体性不断弱化。随机扩展的新建建筑不仅破坏了山体，也打破了建筑与自然环境的和谐，随意建设扩散到山体的各个部位，影响了整个区域的自然景观和生态平衡。水乡片区的新旧建筑之间缺乏协调，造成了建筑群的空间和视觉协调性问题，麻涌镇新基村的新混凝土建筑与传统水乡建筑的风格迥异，导致整体风貌不统一。滨海片区的新建建筑则直接影响了周围的山海环境，破坏了滨海建筑环境的完整性，例如虎门镇的大规模新建项目改变了原有的山海格局，影响了地区的自然和文化景观。这些问题不仅影响了各区域的建筑美学和文化传统的持续，也威胁到了生态系统的健康和居民的生活质量。

1.3.4 公共环境方面：城镇化进程中的公共空间变迁

由于快速城镇化和工业化引起了公共环境质量与体验感下降，并成为东莞乡村如今正面临的问题。受工业化和城镇化的影响，大量的工业设施和住宅建筑挤压了原有的绿地和休闲空间。例如，水乡片区的大部分乡村由于面临新建建筑侵占河岸线的问题，对水乡传统的公共空间造成了破坏，还削弱了河流的生态功能，在麻涌新基村河涌沿边岸的工业扩张严重影响了原本的水生生态系统，人居环境质量下降。滨海片区由于高强度的建设活动，造成海岸线的退缩和公共空间质量的恶化（图1-3-5），如虎门镇的海岸线因大规模建设而不断后退，影响了海滨公共区域的可用性和生态健康。这些问题凸显了现代化发展与环境保护之间的矛盾，亟须通过合理规划和管理以恢复和提升公共空间的环境质量。

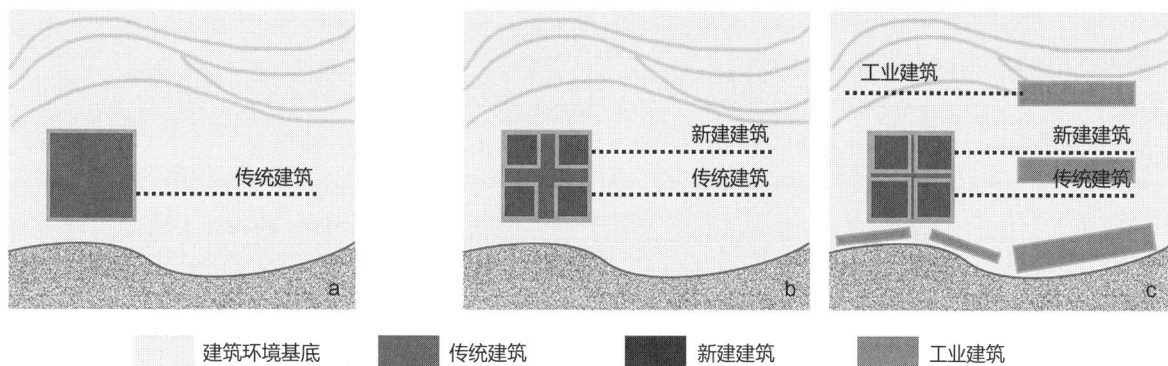

图 1-3-5　滨海片区高强度建筑扩张示意图
（图片来源：乔忠瑞 绘）

公共环境的问题还表现在标识系统导向与信息流失。东莞大多乡村因快速的环境变化和城镇化进程面临更新和维护的挑战。标识系统未能适当更新，影响了地区导航和文化传承的效果。同时也影响了游客对东莞不同片区乡村文化特色的认知，如南社村由于缺乏明确的指示标志，新来的居民和游客可能难以理解该地区的历史背景；麻涌镇的水道和文化地标目前还尚未有统一规划。无序的建设和道路扩建，可能导致原有标识系统失效，使公共和旅游导航变得困难。滨海片区由于快速城镇化，标识系统的连贯性和导航效果受到负面影响，如虎门镇的海岸线和文化遗址由于建设活动和缺乏清晰标识而难以为人所知。这些问题凸显了在现代化快速进程中，维护有效的标识系统的重要性，以保证公共安全和文化的可访问性。

在扩张过程中，新建建筑营建对周边山海环境造成了直接的破坏。建筑滨海环境格局与山海景观资源的完整性紧密相关，由于建设量需求较大，该片区新建工业建筑不断侵占海岸线，造成滨海空间公共性不断降低，并且间接导致海岸侵蚀、湿地破坏、地面沉降等不利结果。高强度的建设造成陆进海退，导致自然海岸线保有率不断下降。建筑整体滨海环境格局消退，海岸景观和生态功能遭到不同程度的破坏（图1-3-6）。

虎门寨社区绿帽丫山　　　　沙角村凤凰山　　　　则徐社区鹅公山

图1-3-6　滨海片区山体被破坏
（图片来源：课题组 绘）

在快速城市化的影响下，导致自然生态和人文景观资源被破坏，乡村建筑的和谐性下降，公共环境质量恶化等种种问题。解决这些问题需要综合策略，包括保护和恢复生态环境，促进建筑与自然的和谐共存，以及改善公共设施和标识系统，从而保持埔田片区的文化特色和生态健康。这些问题凸显了现代化发展与环境保护之间的矛盾，不仅影响了各区域的建筑美学和文化传统的传承，也威胁到了生态系统的健康和居民的生活质量。亟须通过合理规划和管理以恢复和提升公共空间的环境质量。

（1）政策与规划的脱节

在城镇化快速的推进过程中，政策制定和实际执行之间往往存在脱节，导致了乡村发展规划缺乏前瞻性和实际操作性。政策执行者可能对乡村的文化和历史价值缺乏深入理解，从而在规划中未能充分考虑这些要素，导致了文化传承的断裂。

（2）文化价值的误解与忽视

在乡村建设和发展中，往往重视经济效益而忽视文化价值，这导致了对传统建筑和文化遗产的破坏。由于缺乏对传统文化价值深层次的认知和重视，新建的建筑和设施可能不符合地区的文化特色，进一步加剧了文化的异化和遗产的流失。

（3）社会需求与传统价值的冲突

随着社会经济的发展和居民生活方式的变化，传统乡村的生活方式和建筑风格可能无法满足现代居民的需求。这种需求的变化推动了乡村建筑和环境的现代化，但往往以牺牲传统风貌和文化遗产为代价。

因此，从传统村落风貌价值认知与阐释的视角出发，探讨城乡融合背景下东莞乡村风貌的塑造不仅有助于解决现存问题，还能更好地从历史文脉的本源以及城乡动态发展的角度，科学地理解和塑造乡村风貌。这要求制定综合性的策略，包括强化文化遗产保护政策、提高社区参与度、利用现代技术恰当地融合传统与现代元素，以及在城乡规划中实现文化和经济的平衡发展，从而确保乡村风貌的可持续性和历史连续性。

随着乡村振兴战略的提出，乡村建设如火如荼。党的十九大报告中指出乡村振兴应按照"产业兴旺、生态宜居、乡风文明、治理有效、生活富裕"的总要求，坚持因地制宜、循序渐进，科学把握乡村的差异性和发展走势分化特征，做好顶层设计，注重规划先行、突出重点、分类施策、典型引路。2019年7月，广东省印发《广东省实施乡村振兴战略规划（2018—2022年）》，规划指出完善乡村宜居生活空间，充分挖掘现有乡村生态、历史、文化等资源，保留原有乡村特色与人文环境，维护原生村居与生活风貌，建成各具特色、各美其美、各展所长的生态、宜居的美丽乡村。本章从东莞乡村风貌规划的岭南水乡片区、滨海风情片区、活力古城片区、多元民俗片区、田园文化片区、山地特色片区六个片区中筛选出典型村落与建筑，从历史沿革、整体格局、街巷肌理、历史遗存、非物质文化遗产等方面，对东莞城乡风貌进行科学分类总结，为进一步挖掘东莞乡村风貌价值奠定基础。

2.1 东莞城乡六大风貌片区

东莞市乡村村域包括32个镇街、595个村（社区），调研样本覆盖6个风貌片区，包括中国传统村落、广东省传统村落以及东莞市精品示范村等。

2.1.1 多元民俗片区

1. 石排镇塘尾村

塘尾村位于东莞市石排镇，塘尾古村是中国历史文化名村。塘尾古村坐北朝南，占地面积39565平方米，以古围墙为界，村口水塘为中心空间，依自然山势缓坡而建，内部建筑物和交通依靠巷道组织，"七纵四横"的巷道成"井"字形网状村落布局（图2-1-1）。

塘尾古村坐北朝南，里巷布局合理，由围墙、炮楼、里巷、祠堂、书屋、民居、古井、池塘、古榕等组成很有特色的聚族而居的农业村落文化景观。村内巷道由南北走向的7条直巷和东西走向的4条横巷组成村内有利、便捷的交通系统。巷道由红砂石铺砌，宽2米左右，并有完整的明、暗排水渠，与村前水塘相连形成完善的污水排水系统（图2-1-2～图2-1-4）。

塘尾村现存古建筑多为明清时期所建，其中明代及明代以前的建筑有14座，清代建筑248座，以清代晚期的建筑保存最为完好。祠堂一般是古村落的核心建筑，民居围绕祠堂形成组团式布局（图2-1-5、图2-1-6）。

图 2-1-1　石排镇塘尾村总平面图、古村入口

图 2-1-2　围墙和门楼、村口水塘、村内空间

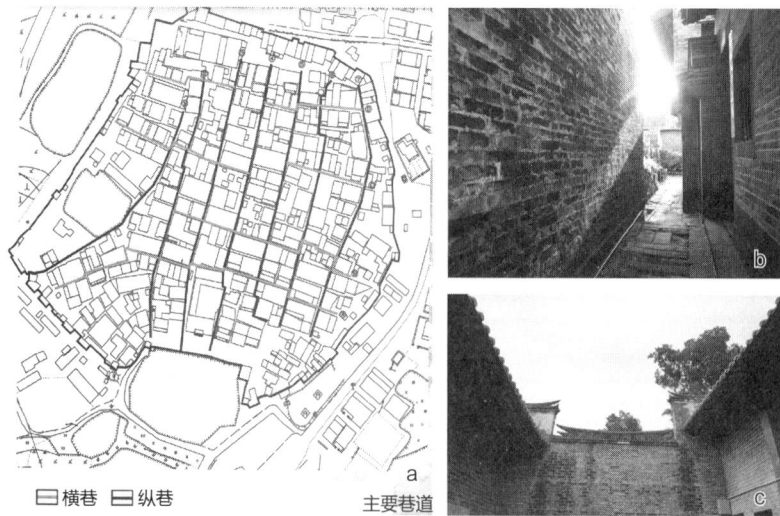

横巷　纵巷　　　　　　　　　　　　　　主要巷道

图 2-1-3　主要巷道现状图、巷道、李氏祠堂内院

图 2-1-4　红砂岩、麻石铺设的巷道

图 2-1-5　李惠宗民居及书屋、梅菴公祠

图 2-1-6　敬如公祠内院

　　梅菴公祠内，供奉康王神像，故此处又称康帅府。塘尾村民每年农历七月初一至初七，抬康王神像巡游全村，祈求康王保佑平安幸福，演化成一种独具岭南特色的民俗活动，称"康王宝诞"，为广东省非物质文化遗产项目之一（图2-1-7）。

李氏宗祠祭祖祈福是"康王"巡游关键环节

李氏宗祠是祈福重要空间

在梅菴公祠恭迎"康王"出巡

迎回"康王"至梅菴公祠

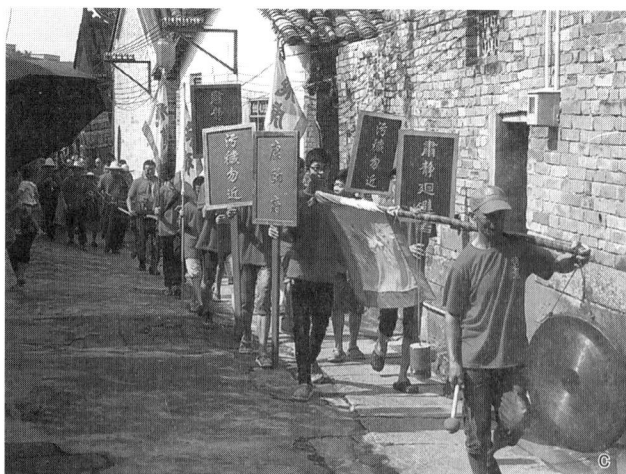

人们在古村中请"康王"巡游

图2-1-7　康王宝诞

2. 茶山镇南社村

南社村位于东莞市茶山镇东面，离茶山镇中心仅 2.5 千米，距东莞市区约 15 千米，面积 6.9 平方千米，南社村远在南宋时期已经立村，原称"南畲"，至清代康熙年间已改名为"南社"。南社村是一座以谢氏家族为主的血缘村落。谢氏家族在南社村历经七百多年的发展，逐渐兴盛。尤其在明清时期，南社村人才辈出，家族富裕（图 2-1-8、图 2-1-9）。

图 2-1-8　南社村鸟瞰
（图片来源：课题组在 google 地图基础上改绘）

图 2-1-9　南社村景观

古村地形自东向西伸延，分为南北两部分，西南面地势较高，群山环绕，绿树成荫，远处有梧桐山脉环抱。东北面地势较低，濒临南畲萌湖。远远望去有罗浮叠峰，蜿蜒拥抱其前。山水相依，得天独厚，环境幽美（图2-1-10～图2-1-12）。

图 2-1-10　南社村街巷

图 2-1-11　南社村池塘两旁的古建筑群

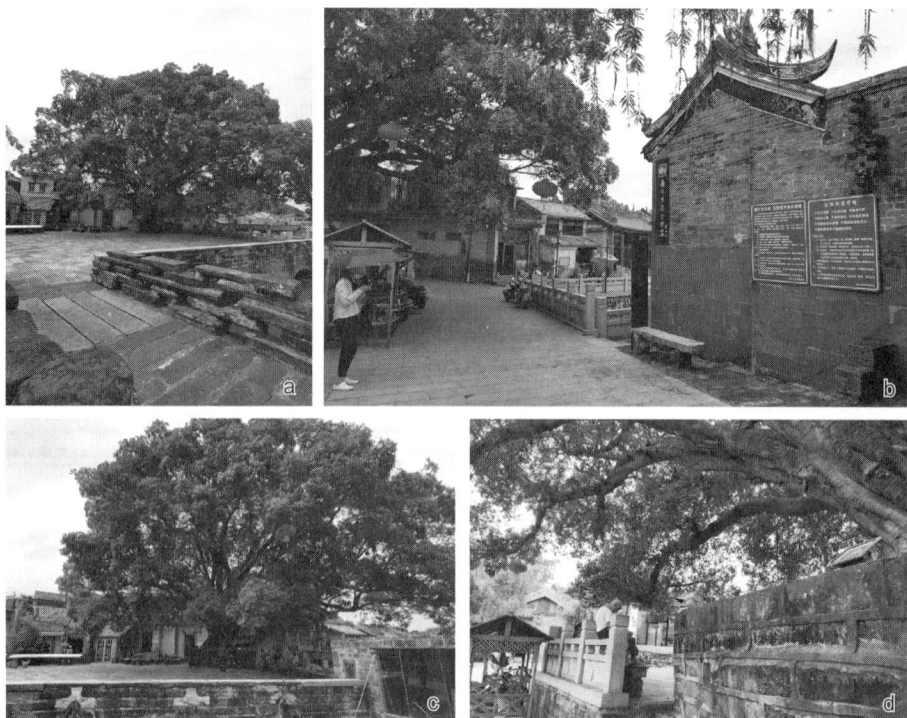

图 2-1-12　南社村公共活动空间

南社村至今仍保存大量的明清时期古建筑，包括民居、祠堂、书院、店铺、家庙、寨墙、古井、里巷、牌门等，具有较高的历史、艺术和科学价值。由于南社村的文物价值突出，2006 年 5 月 25 日，国务院将南社村古建筑群列为第六批全国重点文物保护单位（图 2-1-13）。

古村中现存宗祠、家祠、家庙以及坊祠等祠堂 32 座。明清祠堂数量之多，以自然村计，在广东名列前茅，在全国也屈指可数，是东莞市重要的名胜古迹和旅游资源（图 2-1-14）。

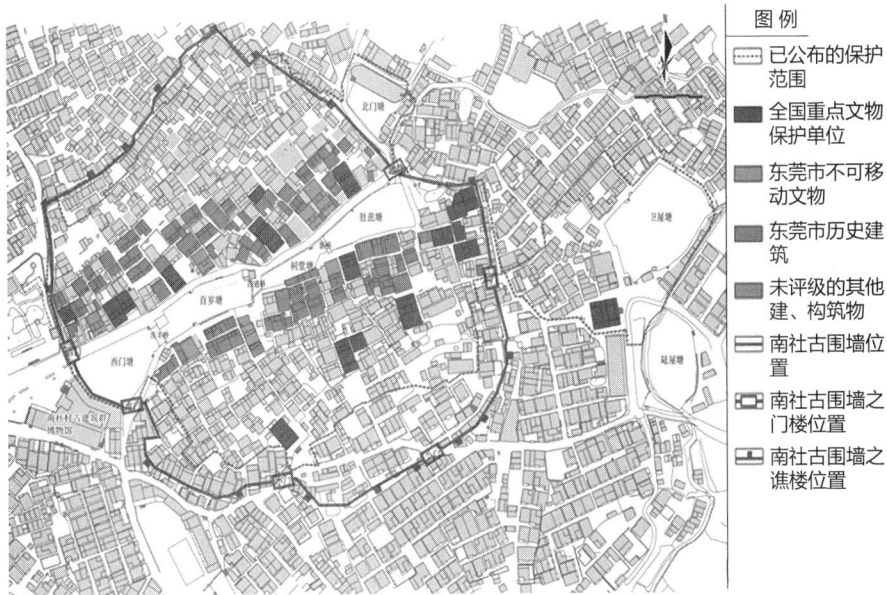

图 2-1-13　南社村古建筑分布图
（图片来源：课题组改绘　底图由东莞市自然资源局提供）

图 2-1-14　古村现存祠堂

23

　　南社村古建筑群的传统格局、建筑构架、艺术装饰、建筑物的整体性保存较好，并较完整地保存了祠堂、店铺、庙宇、书院、民居（故居）、古围墙（含谯楼）等不同类型的古建筑，建筑类型较丰富（图2-1-15、图2-1-16）。

图2-1-15　南社村古桥

图2-1-16　南社村民居、戏台、店铺

3. 茶山镇超朗村

超朗村位于茶山镇东南面，距离东莞市城区 17 千米，下辖 8 个村民小组，面积约为 8.12 平方千米，常住人口 2906 人。牛过蓢古村落位于茶山镇超朗村，南宋时期立村，距今约 800 年历史，古村落呈梳式分布，坐东北朝西南，遥挹青山，前临池塘，背倚茂林修竹（图 2-1-17）。

村内自然环境优美，数百米的古树群和翠竹相互掩映，并呈半圆形之势环抱古村，蔚为壮观（图 2-1-18、图 2-1-19）。

图 2-1-17　超朗村总平面图
（图片来源：课题组改绘　底图由东莞市自然资源局提供）

图 2-1-18　村入口景观

图 2-1-19　村内自然景观

　　超朗村现有明清古建筑 80 座，村中古民居、书屋、祠堂、更楼、碉楼、古庙、古井、里巷、围墙等保护完好，代表性建筑有麦日桃故居。麦日桃故居建于光绪年间坐东向西，由书屋、民居、碓房、两侧门楼组成，具有清代东莞民居的特点（图 2-1-20、图 2-1-21）。

图 2-1-20　超朗村池塘景观

图 2-1-21　麦日桃故居山墙造型、村内巷道

麦氏宗祠始建于元仁宗延祐三年（1316年）。明清两代均有重修。坐东向西，三开三进四廊二天井合院式布局。砖木石结构，具有清代东莞祠堂的特点（图2-1-22、图2-1-23）。

图 2-1-22　麦氏宗祠门头匾额及入口

图 2-1-23　西更楼

4. 寮步镇西溪村

西溪古村落位于东莞寮步镇西溪村，以古围墙为界，全围（东莞地区称村落为围，靠近池塘的显著地段为围面）总面积为72.6亩（4.84公顷），古村的面积为36.8亩（约2.45公顷），村前面有一与村面积几乎等大的池塘，面积为35.8亩（约2.39公顷）。村前与池塘之间有一高1.7米、长170米的围墙。

该村落蕴含了许多自明朝末年以来的东莞丘陵地区农民聚族而居的丰富农耕文化。同时历代都为富饶的村落，从商和从事手工业的人也多，所以同时也蕴含了古代的商业文化（图2-1-24）。

图2-1-24　寮步镇西溪村

西溪古村依自然山势缓坡而建，里巷布局合理，安全防御齐全，由围墙、谯楼、里巷、洞堂、书屋、民居、古井、池塘、古榕等组成极具特色的聚族而居村落（图2-1-25、图2-1-26）。

图2-1-25　西溪古村景观

图 2-1-26　尹氏宗祠

图 2-1-27　西溪古村巷道

西溪古村巷道排列有序，布局整齐合理，共有横巷 7 条，纵巷 11 条。（图 2-1-27）其中，凯庭公祠、遐龄书室等主体古建后面的第一条横巷宽 3.8 米，巷的左端北门是村民出入的主要通道，其余横巷均为 1.1 米，纵巷宽 1.8 米。

所有巷道多用红石铺砌，巷与巷之间相隔 13.8 米。村民房屋整齐划一，基本为传统的"明"字屋和"金"字屋两种形式。多数分布在户内。古村落保留了大量精美的红砂岩石雕、木雕和陶塑建筑构件，这些遗存大多具有较高的历史、科学和艺术价值（图 2-1-28、图 2-1-29）。

图 2-1-28　西溪古村传统民居活态利用

图 2-1-29　精美的装饰构件

2.1.2　岭南水乡片区

1. 中堂镇潢涌村

潢涌村是典型的岭南水乡古村落，比较完整地保存了原有的水乡古村落的风貌和格局。一条流水蜿蜒环绕、贯穿全村，它以水为街，桥街相连，依水筑屋，形成了绿树掩映、清水绕屋的迷人水乡风光（图 2-1-30、图 2-1-31）。

图 2-1-30　潢涌村航拍图

图 2-1-31　河涌景观

潢涌村的古建筑大部分保存完好，布局巧妙，内涵丰富，用料讲究，雕刻精美，具有很高的文物价值和艺术价值（图 2-1-32～图 2-1-35）。

图 2-1-32　河涌边上的观察黎公家庙

图 2-1-33　黎氏大宗祠

图 2-1-34　荣禄黎公家庙、观察黎公家庙

图 2-1-35　奉议大夫彪堂公祠、少泉黎公家祠

　　黎氏大宗祠又称"潢涌宋祠"，始建于南宋乾道九年（1173 年），经过历代 7 次重修扩建，基本保持了祠堂的原貌，而且烙上了明、清、民国各个时期的风格特点，祠堂地形为龟形，显"灵龟"之灵，是广东省最古老且保存最完好的宗祠。祠堂面积 1337 平方米，建筑为三进院落，四合院式龟形布局，前有包台，两侧有厢房，为硬山顶抬架与穿斗混合式梁架结构（图 2-1-36）。

图 2-1-36　黎氏大宗祠

从清代开始至今，每年农历五月初六，漳涌都会举办"龙舟节"。各地龙舟云集漳涌漳水河竞渡、斗标，场面壮观，热闹非常。漳涌龙舟以优质红木做龙首，用松木或杉木做船身，用坤甸红木为骨架，制作讲究，美轮美奂（图2-1-37）。

图2-1-37　漳涌村龙舟文化节

2. 麻涌镇新基村

新基村位于麻涌镇东北面，东与中堂马沥一江之隔，南邻东太村，西近华阳村，北与川槎、螺村相连。总面积4.4平方千米。2012年，新基村被评为广东省历史文化名村。新基村立村于宋淳祐五年（1245年），原名"宁乐村"，至今约有八百年历史。新基村现存古建主要为祠堂，充分体现了地方特色，蕴涵着淳朴的传统内容，同时也埋藏着深厚的人文根基，成为新基村历史文化的活化石（图2-1-38～图2-1-41）。

图 2-1-38　新基村总平面图
（图片来源：课题组改绘　底图由东莞市自然资源局提供）

图 2-1-39　新基村莫氏祠堂

图 2-1-40　新基村航拍图

图 2-1-41　莫氏祠堂内丰富的活动

　　新基村由面阔15米的新基河所环绕，另有河涌从村中穿过，民宅多傍水而建，面向河涌，大致体现出"河—街—屋"和"屋—街—屋"两种形态。里巷与河涌垂直，发挥着交通、通风和防火的作用，这种有悖于传统坐北朝南的布局缘于河流的流向，充分体现出了水乡村落布局的亲水性（图2-1-42、图2-1-43）。

图 2-1-42　新基村街巷分析图

图 2-1-43　新基村河涌景观

新基村现存古建主要为祠堂，充分体现了地方特色，蕴涵着淳朴的传统文化，同时也埋藏着深厚的人文根基，成为新基村历史文化的活化石（图2-1-44～图2-1-46）。

图2-1-44　新厅祖祠、尔会莫公祠

图2-1-45　新基大庙、新基莫氏祠堂

图2-1-46　月川莫公祠、爱东莫公祠

3. 道滘镇蔡白村

蔡白村位于道滘镇，处于东莞水乡片区与田园片区的交汇节点区域。东莞水道、律涌水道与白鹭水道三水绕村而过的生态格局，水乡特色明显（图2-1-47～图2-1-49）。

图 2-1-47　蔡白村航拍图

图 2-1-48　蔡白村水乡景观

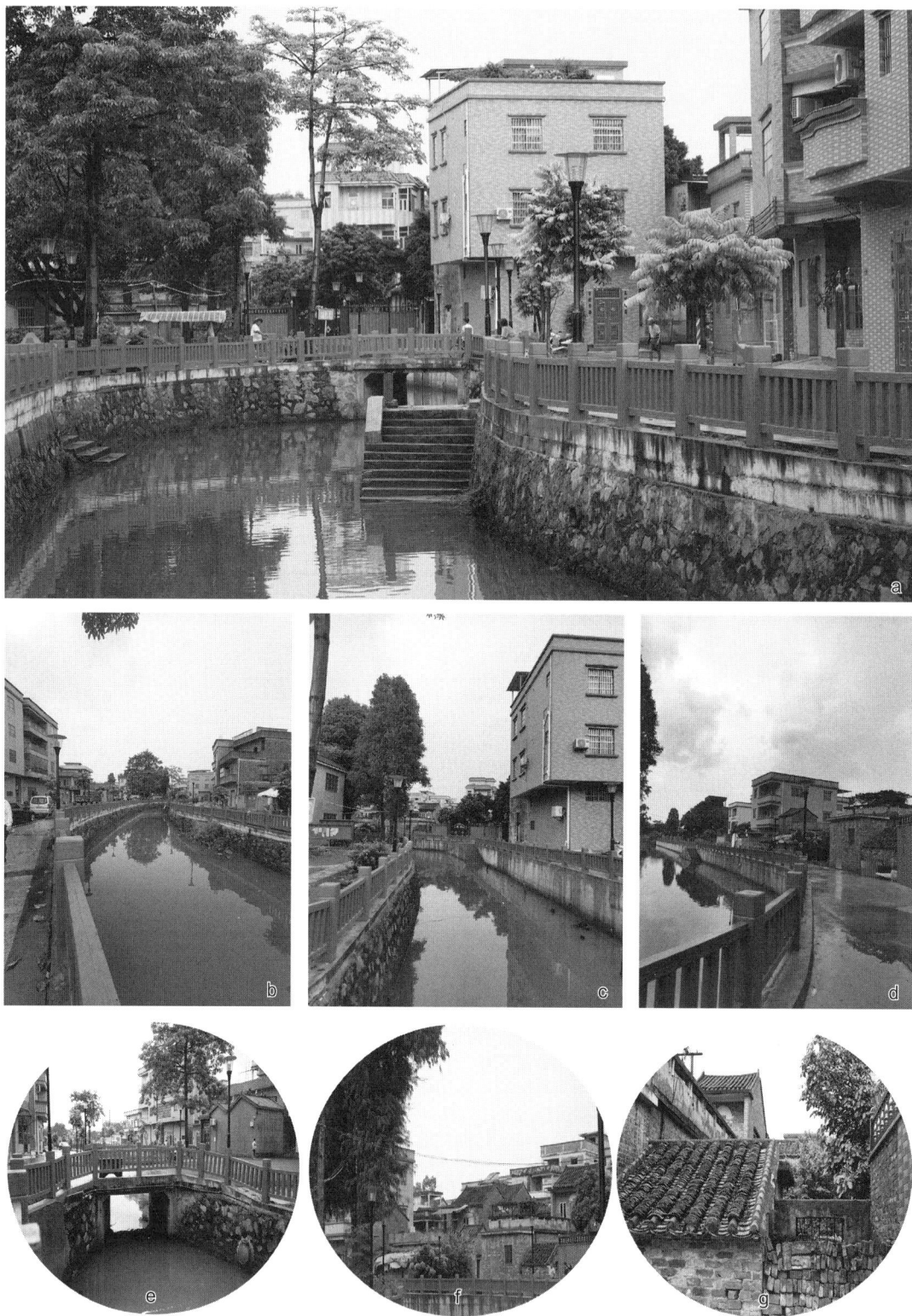

图 2-1-49　蔡白村村貌及河道

　　蔡白村北岛生态自然资源丰富，以生态景观为主；南岛多以居住生活区城镇景观为主，格局分明。北岛有北岛公园、黑皮冬瓜种植基地；南岛有农业观光园，生态资源突出（图 2-1-50）。

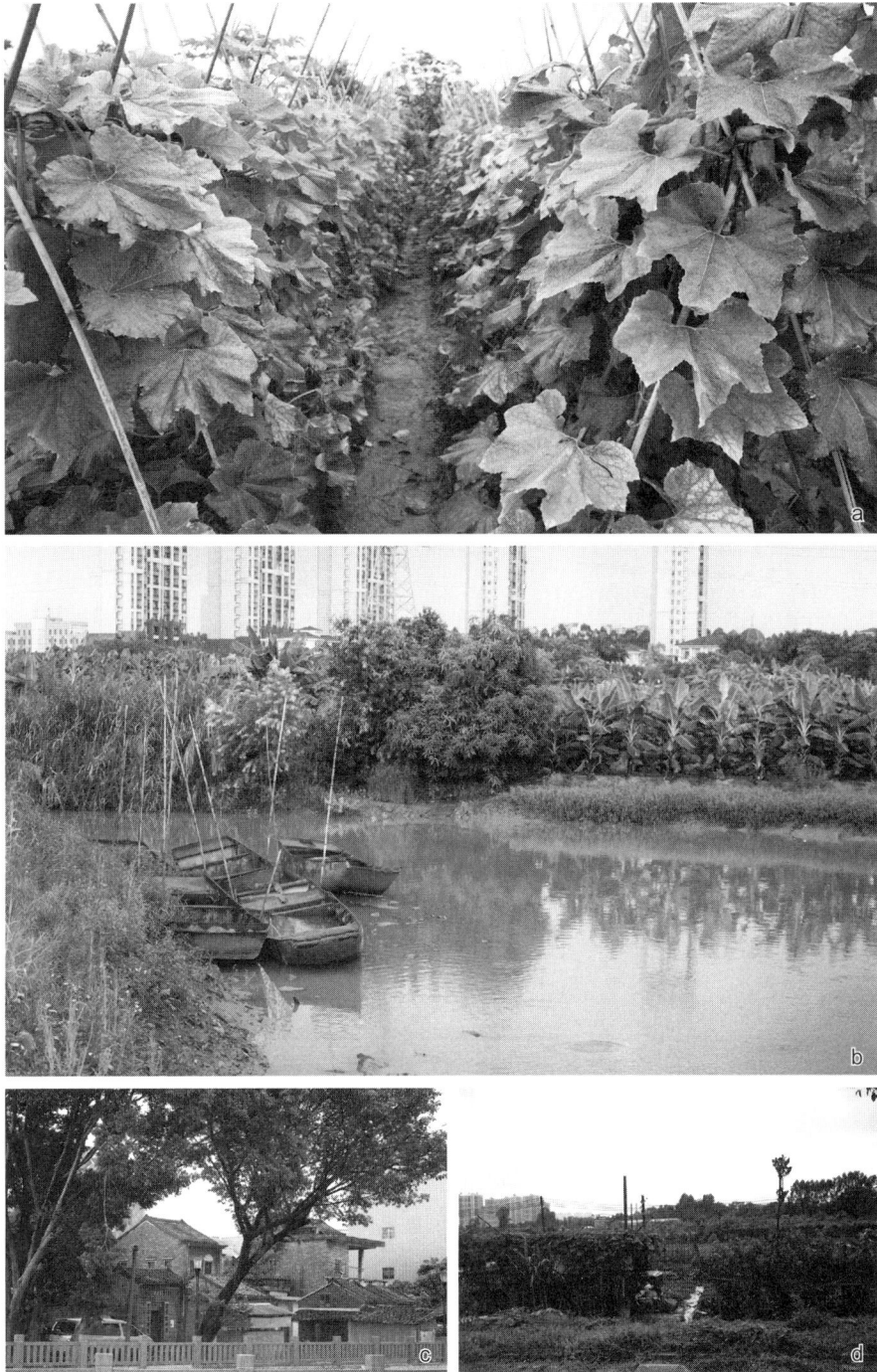

图 2-1-50　蔡白村景观图

2.1.3　田园文化片区

1. 企石镇江边村

江边村位于东莞市企石镇中部，面积 4.17 平方千米，古村背靠环抱状的罗屋岭山缓坡而建，前对"墨砚丁"大池塘及东江，远眺罗浮山。江边村于元代立村，经过几百年来的不断发展，已成为以黄姓为主的宗族聚居村落。古村坐南向北，背靠罗屋岭，依自然山势缓坡而建，以古围墙为界，占地面积

71600平方米，"三纵十五横"，巷道成"井"字形网状布局，交通、防御、排水、消防体系比较完整（图2-1-51、图2-1-52）。

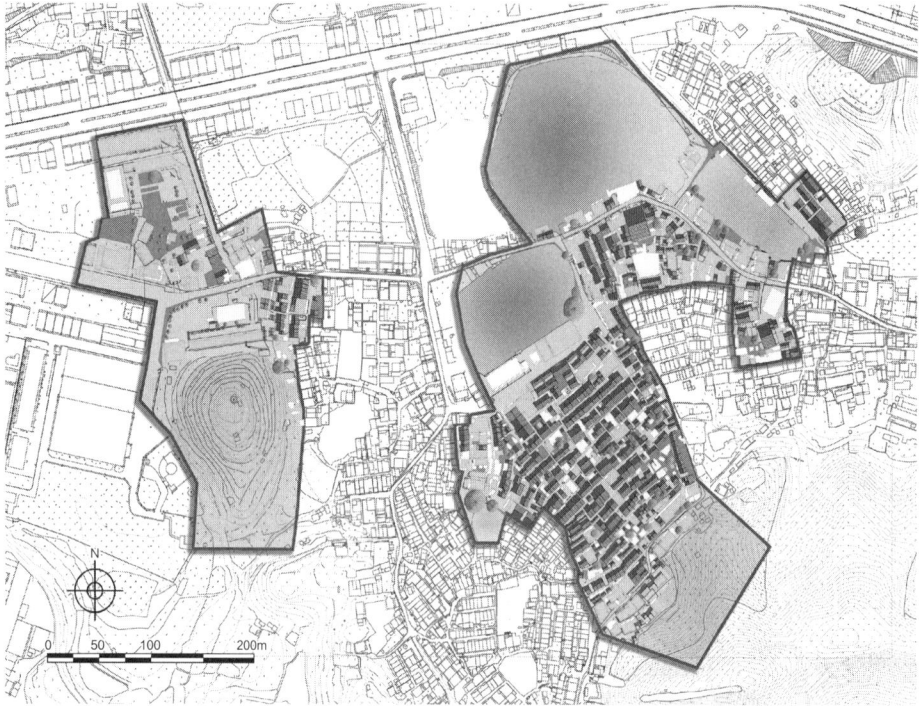

图2-1-51　江边村总平面图
（图片来源：课题组改绘　底图由东莞市自然资源局提供）

图2-1-52　江边村景观

　　江边村建筑类型多样，具有浓郁的广府特色。在建筑用材上，多以红砂岩、花岗石做门框、窗框和墙基，豆青色水磨青砖砌筑墙体，形成独特的建筑色彩搭配（图 2-1-53～图 2-1-55）。

图 2-1-53　司马第、普通民居

图 2-1-54　洁夫书楼、养虚公祠

图 2-1-55　兴仁里、养虚公祠、土地庙、池塘环境

　　江边村现存祠堂13座，多为明清时期所建。具有代表性的有黄氏宗祠、冠堂公祠、一江公祠、隐斋公祠、经国公祠、沂川公祠、乐沼公祠等，其中黄氏宗祠、江边村古建筑群被列为东莞市文物保护单位（图2-1-56～图2-1-58）。

图2-1-56　潮东公祠内部

图2-1-57　隐斋公祠、菊轩公祠

图2-1-58　经国公祠、潮东公祠、沂川公祠

江边村至今仍保留有浓郁的传统民俗文化。"黄大仙诞"是江边村民祭拜乐善好施的黄润福（黄大仙）的重要民俗活动，且演化成为东莞和香港、广州、增城、南海广大群众都来参与的大型民俗活动，随着时间推移，融入的文化内涵不断丰富，成为影响东莞的著名民俗文化活动。黄大仙传说于 2016 年被列为东莞市第四批非物质文化遗产（图 2-1-59、图 2-1-60）。

图 2-1-59　非物质文化遗产——黄大仙诞
（来源：东莞市自然资源局）

图 2-1-60　江边村秋枫节
（来源：东莞市自然资源局）

2. 桥头镇邓屋村

桥头镇邓屋村位于桥头镇中心的西北面，文化氛围浓郁，民风淳朴。邓屋村古建筑群位于桥头镇邓屋村南门路、东门路等主要街道。村落整体依东江干流河道而居，依自然缓坡依次布局（图 2-1-61、图 2-1-62）。

图 2-1-61　邓屋村航拍图

图 2-1-62　邓屋村巷道

邓屋村文风浓郁，是有名的文化村。村里人大力鼓励后代读书，近百年来，涌现了100多位科学家、工程师。邓屋村逐渐演变成一个科技人才大村，堪称教育史上的奇迹（图 2-1-63）。

图 2-1-63　郑氏宗祠

　　邓屋村古建筑群是清代东莞民居的典型代表，现存明清民居近 200 座，2 座锅耳山墙围门及明清麻石路、邓氏宗祠、文帝庙、邓植仪祖居、邓仲硕故居、炮楼等一批保存完好的古建筑。建筑木雕、灰雕装饰精美，壁画内容丰富（图 2-1-64～图 2-1-67）。

图 2-1-64　邓时乐故居、邓仲硕故居、邓鸿仪故居

图 2-1-65　炮楼

图 2-1-66　门楼

图 2-1-67　封檐板与门楣装饰

3. 横沥镇村头村

村头村古称三都老洋平，是香氏发源地。位于东莞市横沥镇东部，毗邻常平镇，洋溪水绕村而过。香氏村民在此生活已有七百多年历史，村头村拥有深厚的文化底蕴（图 2-1-68、图 2-1-69）。

图 2-1-68　村头村航拍图

图 2-1-69　村头村风貌景观

香氏是目前唯一源自东莞的姓氏。村头村为纯香姓，宗祠是宗族的象征，香氏宗祠是香氏族人联系的纽带（图 2-1-70）。

图 2-1-70　村头村香氏宗祠

打造生态宜居村庄是村头村大力推进乡村振兴的一项重点工作。村头村生态农业园总面积 180 亩（12 公顷），主要以稻田、花海为主，将农业种植与游玩观赏结合，创造独特的乡村农耕湿地文化，提高群众生态与环境保护意识（图 2-1-71、图 2-1-72）。

图 2-1-71　村头村农作物

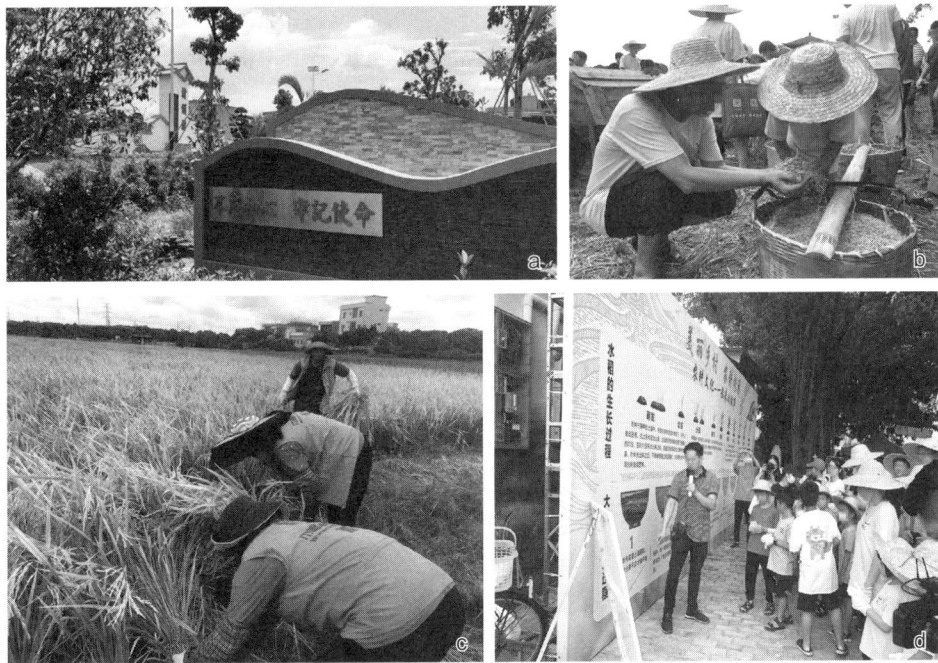

图 2-1-72　村头村田园风光

2.1.4　山地特色片区

1. 塘厦镇龙背岭社区

龙背岭社区是传统客家文化社区，龙背岭古村落较为完整地保存了原来的风貌，有着显著的"客韵、粤风、侨情"特色。龙背岭牛眠埔老围，建于清朝乾隆二十二年（1757年）。村落布局完整，依山傍水，是典型的岭南客家村落。龙背岭社区在2012年被评为"广东省古村落"，2014年入选中国传统名村名录，2015年获得"珠三角最美乡村"（图2-1-73～图2-1-75）。

图2-1-73　龙背岭客家村落航拍图

图2-1-74　龙背岭客家村落屋顶

图2-1-75　龙背岭客家村落全貌

　　龙背岭村坐西北向东南，以村前水塘及叶氏宗祠为中心，依缓坡而建，村东有水井 1 口。村中巷道七横六纵巷侧有排水沟，将水集中汇集村前水塘，规划布局统一整齐。宗祠两侧及后面为客家民居，东南、西北、东北三面各有一座碉楼。龙背岭村布局完整，祠堂、民居、碉楼、书室建筑形式多样，对研究岭南客家村落的规划布局、建筑形制及华侨历史具有一定的价值（图 2-1-76～图 2-1-83）。

图 2-1-76　叶氏宗祠正门

图 2-1-77　叶氏宗祠山墙

图 2-1-78　龙背岭村落巷道

图 2-1-79　龙背岭村建筑

图 2-1-80　牛眠埔鼎和堂

图 2-1-81　叶俊万碉楼

图 2-1-82　龙背岭典型客家民居

图 2-1-83　叶三贵碉楼

2. 凤岗镇黄洞村

黄洞村位于东莞市凤岗镇东北部，是东莞重要的客家人聚居地和华侨之乡，至今保留了较完整的村落格局、传统的文化生态和环境风貌。黄洞村规划布局科学合理，蕴含浓厚的传统风水文化意蕴。村口自西向东沿东深河延伸，形成两山夹一水的风水格局，狮岭在西，象山在东，背靠南门山，四面环山，中间为盆地，以农田为中心，村庄依山而建。2013年入选广东省历史文化名村（图2-1-84、图2-1-85）。

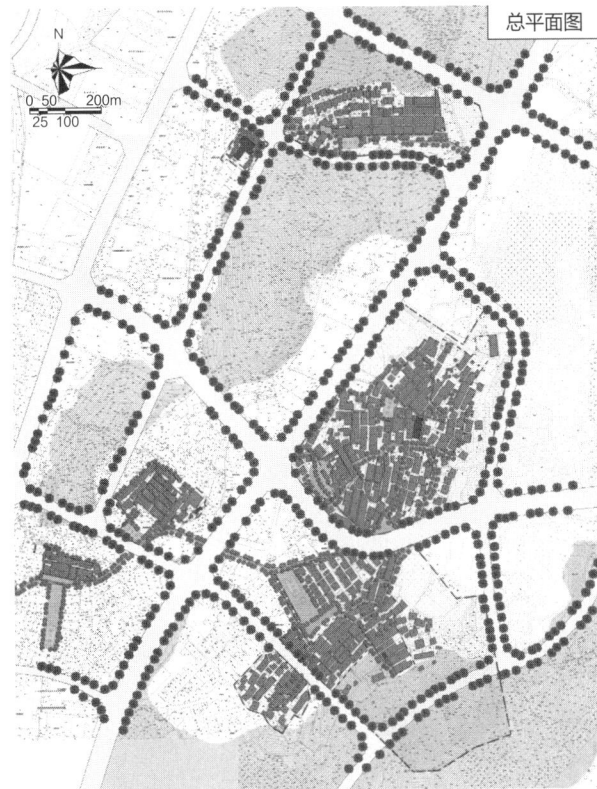

图 2-1-84　黄洞村总平面图
（图片来源：课题组改绘　底图由东莞市自然资源局提供）

图 2-1-85　黄洞村全貌图

　　街巷沿山体向上，向两侧可进入排屋，构成"鱼骨状"的街巷格局。地面以水泥、石板铺路，街巷两侧，风貌一致的客家历史建筑保证了景观的连续性（图 2-1-86）。

　　黄洞村现存有建于元末明初的迴龙庵、太平天国瑛王洪全福的故居、田心村新围场排屋群，以及以观合楼、儒修楼、灼华楼、春来楼等 15 栋碉楼和排屋组合（图 2-1-87～图 2-1-91）。

图 2-1-86　儒修楼

图 2-1-87　黄洞村传统排屋

图 2-1-88　黄洞村巷道

图 2-1-89　黄洞村碉楼和排屋组合

图 2-1-90　观合楼

图 2-1-91　排屋

3. 樟木头镇官仓社区

官仓社区坐落于东莞市樟木头东南部，地处莞惠公路与东深公路交会处。该社区客家文化底蕴深厚，保存有占地1.4万平方米的"三家巷"客家古建筑群，是典型的传统客家民居。在社区建设中，通过将客家文化元素融入风貌带打造，不仅完善了居住区配套设施，还提升了整体环境品质。其中，蔡氏宗祠与"三家巷"建筑群构成了风貌带的核心景观节点（图2-1-92~图2-1-96）。

图 2-1-92　官仓社区航拍图

图 2-1-93　官仓三家巷航拍图

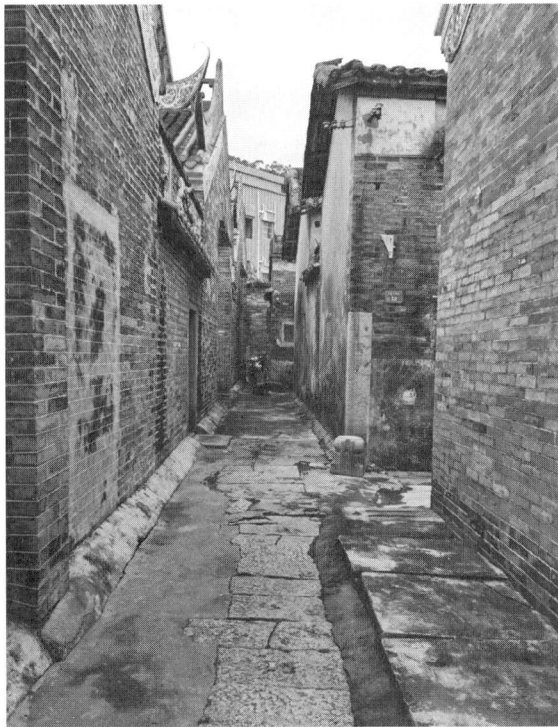

图 2-1-94　三家巷麻石巷道

图 2-1-95　巷道入口

图 2-1-96　清代水磨青砖建筑

　　巷的两旁全是清代的水磨青砖建筑，除个别的杉木门因故被换成铁门外，所有建筑原貌保存至今。

　　官仓蔡氏宗祠（崇礼堂）始建于清代乾隆乙未年（1775 年），至今有 250 年历史，是樟木头几个蔡氏社区的宗祠，经过多次重修，现在的蔡氏宗祠容光焕发，是东莞的不可移动文物之一。现已成为官仓老年人活动中心，是各种重要活动的场所（图 2-1-97、图 2-1-98）。

图 2-1-97　蔡氏宗祠

图 2-1-98　蔡氏宗祠内部格局

2.1.5 滨海风情片区

1. 沙田镇阇西村

阇西村位于沙田镇中部，东邻沙太公路，南邻民田、福禄沙，西临东江南支流，北与横流居委会相接，村域面积为 4.9 平方千米（图 2-1-99～图 2-1-101）。

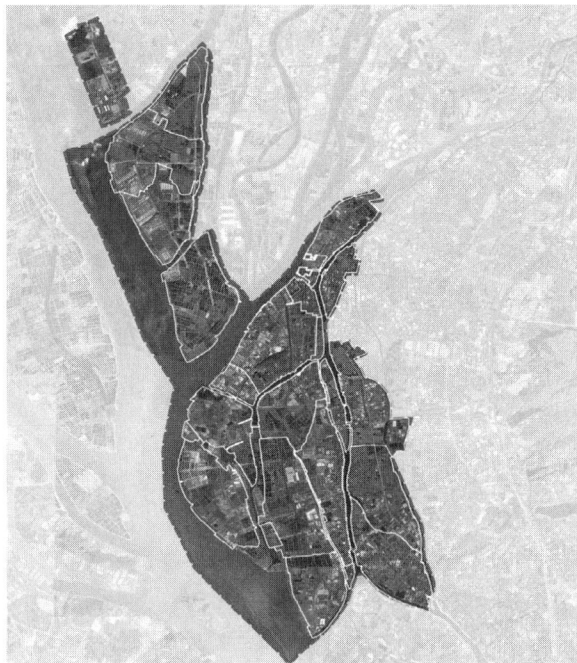

图 2-1-99　阇西村总平面图

图 2-1-100　阇西村航拍图

图 2-1-101　阇西村航拍图

阁西山公园为沙田镇唯一一座以山为载体的健身文化公园，公园占地 500 多亩（约 33 公顷），绿化覆盖率达 90% 以上，公园内设有全长约 2.9 千米的健康步道。园内藤蔓交织纵横，空气质量良好（图 2-1-102、图 2-1-103）。

图 2-1-102　阁西山公园

图 2-1-103　龙舟广场

沙田镇全力打造乡村建设精品工程。加快建成美丽幸福村居 1.1 平方千米的示范片区（样板段），启动建筑外观整饰工程，以阁西村花卉市场周边区域为样板段先行施工（图 2-1-104～图 2-1-106）。

图 2-1-104　阁西村建筑整饰示范段

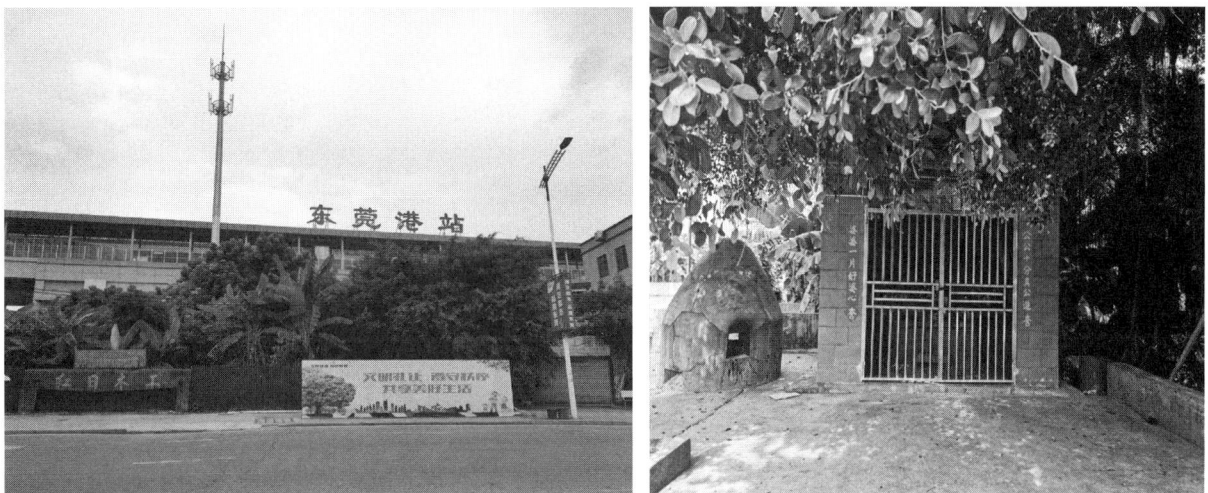

图 2-1-105　阁西村的东莞港高铁站

图 2-1-106　阁西村民间信仰

2. 虎门镇白沙社区

白沙社区区位较好，距离虎门镇政府约 43 千米，距离东莞市中心约 23 千米，距离广州市中心约 57.7 千米，距离深圳市中心约 46.6 千米，区域位置优势显著（图 2-1-107）。

图 2-1-107　白沙社区逆水流龟村堡航拍图

逆水流龟村堡呈正方形，坐东北、向西南，占地面积 6889 平方米。村堡四周是高 6 米、厚 0.6 米的护寨墙。村堡布局取形于龟，因北面有溪水迎面而来，故称"逆水流龟"。村堡四周是 18 米宽的护村人工河，因四周环水，故人们又称该村堡为白沙水围村（图 2-1-108～图 2-1-111）。

图 2-1-108　逆水流龟村堡环境

图 2-1-109　逆水流龟村堡入口

图 2-1-110　传统民居、古井

图 2-1-111　逆水流龟村堡巷道

逆水流龟村堡的围墙有防御功能。比较有特色的"坑土墙"，是由糖浆、糯米、灰沙等材料混合填压而成，极其坚固。"金包银"是指坑土墙为金色，银楼墙砖为银色（图2-1-112～图2-1-114）。

图 2-1-112　龟首楼

图 2-1-113　"金包银"墙

图 2-1-114　围墙

郑氏大宗祠始建于南宋咸淳年间，为祭白沙郑氏始祖所建。明万历初年郑氏十二代传人原址重建。祠内现有清嘉庆五年重建祠堂所立石碑两块。该祠具有较高的历史价值和建筑艺术价值，于2015年获批广东省文物保护单位（图2-1-115～图2-1-117）。

图2-1-115　郑氏大宗祠

图2-1-116　郑氏大宗祠精美木雕

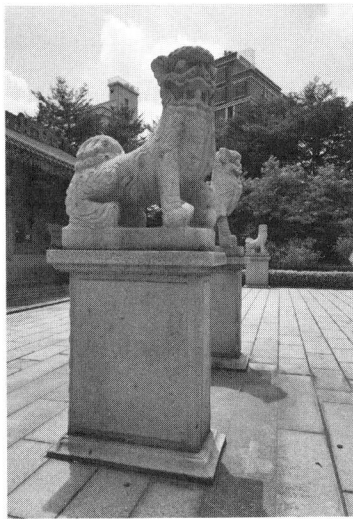

图2-1-117　门前石狮

3. 厚街镇涌口社区

涌口社区地处厚街镇的西南面，总面积为3.98平方千米。下辖东社、南社、西社、北社、水北、红花林和石角7个小组（图2-1-118、图2-1-119）。

图 2-1-118　涌口社区航拍图

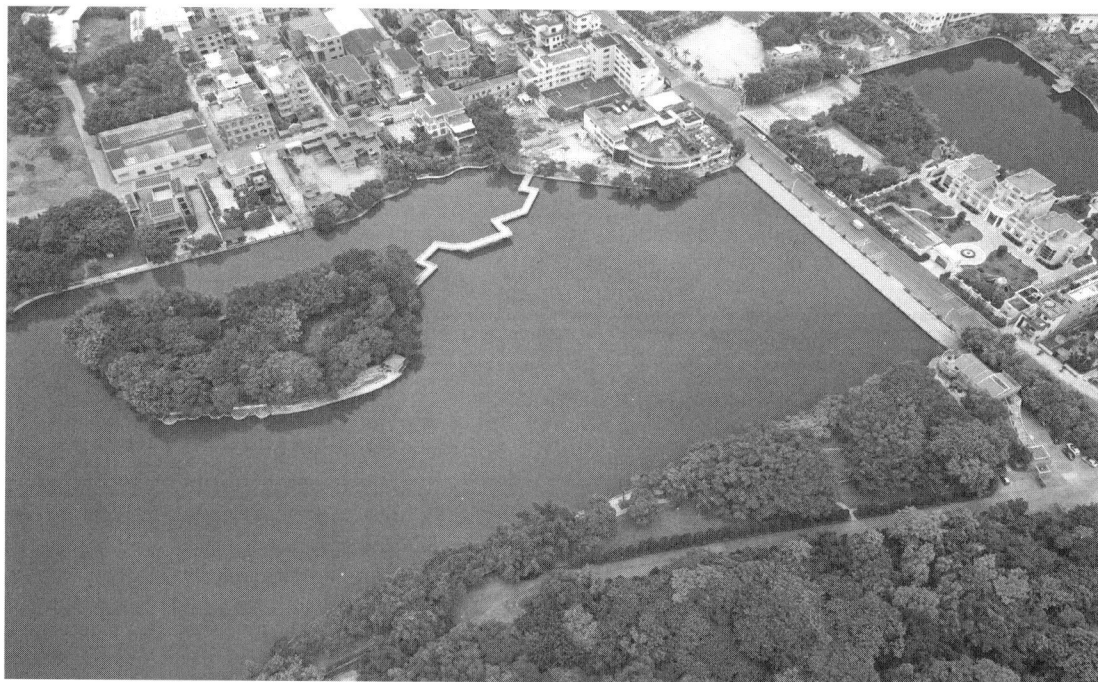

图 2-1-119　涌口社区环境

　　涌口社区海月岩是东莞旧八景之一，位于涌口社区金牛山。金牛山是一座高十丈、周一里的红石质山冈，造型奇特。蟹壳岩上的"海月岩"三字，为宋绍二年（1132 年）刻，岩下有一石井，曾有"海上风帆落井中"之说，吸引了众多的中外游客。每年的端午节，涌口社区都会组织村民在海月公园举办龙舟欢乐节，有醒狮巡游及表演、欢乐文艺演出、海月湖龙舟竞赛等，吸引众多游客前来观赏（图 2-1-120、图 2-1-121）。

图 2-1-120　涌口社区海月岩航拍图

图 2-1-121　涌口社区海月岩景观

涌口社区着力投资路网等基础设施建设，并加大力度整治社会治安和环境卫生黑点，进一步改善居住环境。同时，完善医疗、教育、卫生、文体等硬件、软件设施，社区的配套设施日趋完善。社区内建有涌口小学、涌口幼儿园、农贸市场、中心广场、海月舞台、图书馆、社区综合服务站、休闲公园、老年人活动中心等便民服务设施（图 2-1-122～图 2-1-124）。

图 2-1-122　涌口社区东社东村

图 2-1-123　涌口社区西社牌坊

图 2-1-124　庆升桥

2.1.6　活力古城片区

1. 万江街道坝头社区

坝头社区位于万江、南城与莞城的交界处。社区内较好地保存了詹氏宗祠、绍广詹公祠等古建筑，以及明清时期的岭南水乡村落格局，是珠三角地区岭南水乡文化保存较为完整的村落之一（图 2-1-125～图 2-1-129）。

图 2-1-125　坝头社区总平面图

图 2-1-126　坝头社区夜景

图 2-1-127　下坝坊创意文化与传统融合

图 2-1-128　坝头社区景观

图 2-1-129　下坝坊传统民居

2. 石龙镇中山路

石龙中山路街区位于石龙镇老城区，北临东江，西起中山西路西段，东至石龙头路。街区东西长约1374 米，南北宽 30～80 米，街巷格局呈"鱼骨状"。总面积 39.1 公顷，核心保护区面积 9.2 公顷。石龙镇商业中心从明代开始经历了多次变迁，清代中山路形成后，商业中心便逐渐往此迁移。中山路、面街、新街共长 2000 米，占镇区街道总长的一半，并形成多条以商品或制作工艺为名的街巷。这些街巷的名称大部分保留至今。1929 年，吸取万胜街火灾教训，石龙开始修建马路，进而形成一条贯通的骑楼街区（图 2-1-130）。

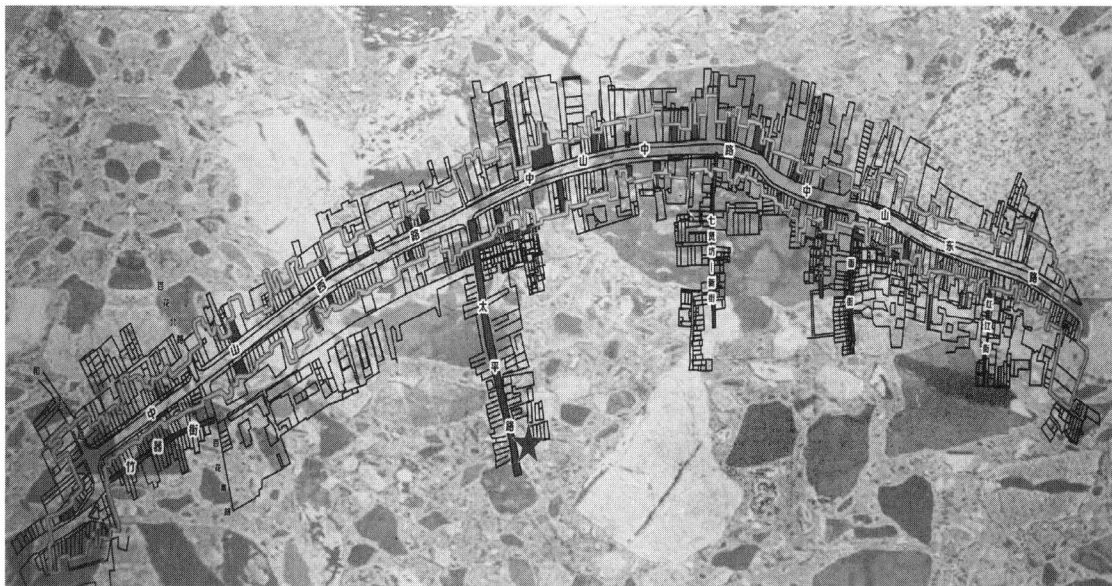

图 2-1-130　中山路总平面图

图 2-1-131　中山路街景

古老的骑楼下，人们行走着、生活着、忙碌着，充满着生活气息。石龙街的美丽并没有随着历史的远去而逝去，而是历久弥新，石龙老街正在石龙老城区的角落里，静静地等待着世人的观赏（图 2-1-131～图 2-1-134）。

图 2-1-132　中山路不同风格的骑楼

图 2-1-133　骑楼形态各异的山花

图 2-1-134　充满生活气息的历史街区

3. 东城街道周屋村

周屋村约在明朝末年建村，至今已有 600 多年的历史。2011 年周屋社区成为东莞市第一批名村试点建设社区。周屋村是一个有深厚底蕴的古村。周屋村的人注重对古村落的保护，传承传统文化，令乡村保持独特的韵味（图 2-1-135～图 2-1-140）。

图 2-1-135　周屋村航拍图

图 2-1-136　周屋村祠堂前广场

图 2-1-137　周屋村入口与巷道

图 2-1-138　周屋村民居

图 2-1-139　周屋村民间信仰

图 2-1-140　周屋村广场小品

周氏宗祠是周屋村人的精神圣所，可追溯历史有六百多年，与周屋村历史一样悠久。经修葺后的周氏宗祠面貌一新，庄重大气，彰显了周屋村人的自信与凝聚力（图 2-1-141）。

图 2-1-141　周屋村周氏宗祠

2.2　东莞城乡传统建筑类型

2.2.1 传统建筑类型——祠堂

谢氏大宗祠采用歇山屋顶，为东莞地区祠堂少见。首进屋脊陶塑和二进、三进屋脊灰塑及封檐板木板雕刻工艺精美。现存始建时用的香灶和明嘉靖三十年（1551 年）肇建碑刻（图 2-2-1）。

图 2-2-1　谢氏大宗祠
（图片来源：课题组 摄　立面图由东莞市自然资源局提供）

百岁坊始建于明代万历二十年至二十六年（1592～1598 年）。1993 年被列为东莞市文物保护单位。百岁坊为歇山屋顶，檐下施如意斗拱，影壁须弥座红石雕及二进梁架木雕工艺精巧。百岁坊坊祠结合，布局奇巧（图 2-2-2）。

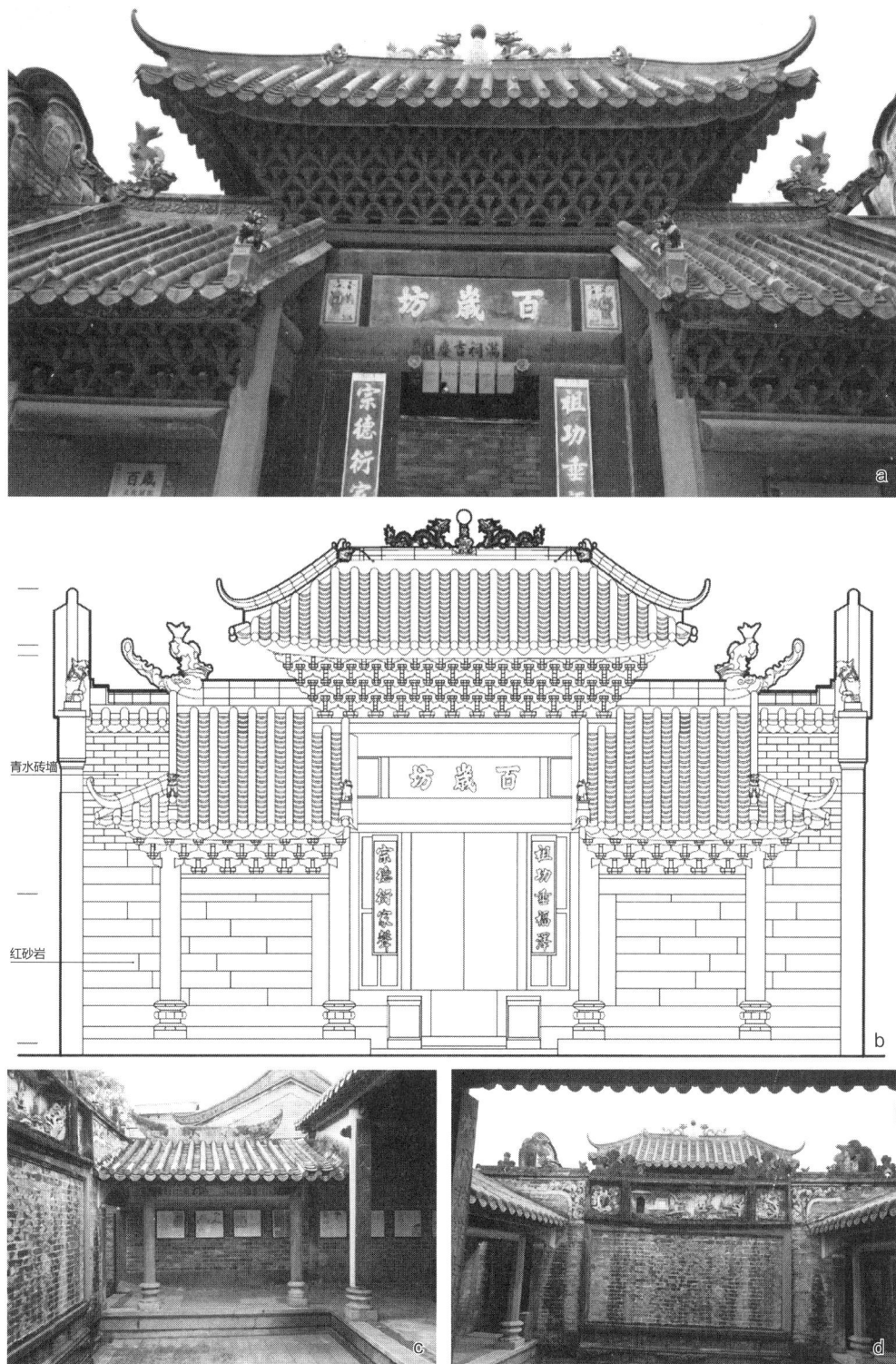

图 2-2-2　百岁坊
（图片来源：课题组 摄　立面图由东莞市自然资源局提供）

塘尾村李氏宗祠，始建于明代，历代均有维修。该祠为五开间三进院落布局，抬梁与穿斗混合梁架结构，硬山顶；宽 17.8 米，长 43.7 米，占地面积 777.9 平方米（图 2-2-3～图 2-2-6）。

图 2-2-3　塘尾村李氏宗祠
（图片来源：课题组 摄　平面图、剖面图由东莞市自然资源局提供）

图 2-2-4　晚节公祠
（图片来源：课题组 摄　立面图由东莞市自然资源局提供）

图 2-2-5　隐斋公祠

图 2-2-6　晚翠公祠

2.2.2　传统建筑类型——传统民居、书室

东莞传统民居以广府和客家风格为主。自明清时期以来东莞私塾教育蓬勃发展，办学传统源远流长。很多村落普遍设有书室，充分体现了莞邑地区崇文重道的文化底蕴（图2-2-7～图2-2-17）。

图 2-2-7　三间两廊民居是东莞地区主要民居形式——南社村

图 2-2-8　民居内部的竹竿墙以防火——塘尾村　　图 2-2-9　客家排屋——龙背岭村

图 2-2-10　祖屋——塘尾村

图 2-2-11　广府民居——南社村

图 2-2-12　民居店铺——南社村

图 2-2-13　客家民居——凤岗村

图 2-2-14　篆香书室——凤德岭上村

图 2-2-15　乐品书室——塘尾村

图 2-2-16　李惠宗书室——塘尾村

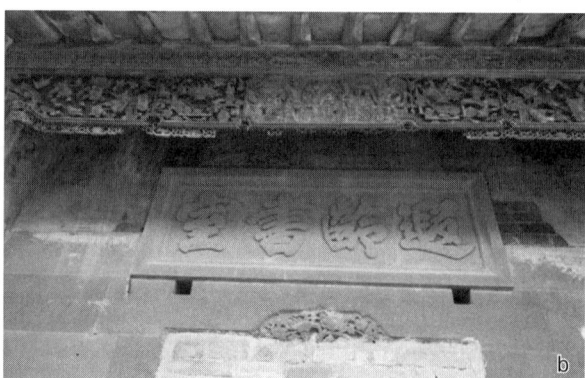

图 2-2-17　遐龄书室——西溪村

2.2.3 传统建筑类型——门楼、谯楼、碉楼

东莞传统村落普遍建有围墙、门楼、谯楼等防御设施，其多样化的建筑风格体现了传统社会的秩序观念。碉楼则主要分布于客家村落，多为 20 世纪 20~30 年代华侨回乡所建，既保留了客家建筑特色，又融入了西方元素，形成独特的中西合璧风格（图 2-2-18~图 2-2-24）。

图 2-2-18　谯楼——超朗村

图 2-2-19　邓屋村门楼

图 2-2-20　塘尾村门楼

图 2-2-21 观合楼、儒修楼——黄洞村

图 2-2-22 长乐楼、永安楼——牛眠埔村

图 2-2-23 碉楼——超朗村

图 2-2-24 碉楼——邓屋村

2.2.4　传统建筑类型——牌坊

明清时期东莞经济繁荣文化兴盛，各类牌坊不断涌现，如今留存下来的牌坊类型丰富，既有立于村落入口的标志性牌坊，也有彰显科举功名的进士牌坊，以及颂扬道德典范的旌表牌坊等（图 2-2-25～图 2-2-29）。

图 2-2-25　海月岩入口牌坊——涌口村

图 2-2-26　袁崇焕纪念园牌坊——水南村

图 2-2-27　村口牌坊——桥梓村

图 2-2-28　村口牌坊——华阳村

图 2-2-29　莫氏祠堂前牌坊——新基村

2.2.5 传统建筑类型——龙船棚、凉棚

　　东莞是著名的龙舟之乡，传统的龙舟竞渡活动在东莞历史悠久，深受东莞老百姓的喜爱，逐步形成一种龙舟文化。龙船棚是东莞地区极具地方特色的建筑之一，用于放置龙舟，也是龙舟文化的一部分（图 2-2-30）。

图 2-2-30　龙船棚

　　凉棚是岭南水乡独具特色的建筑，一般沿河涌分布。早期凉棚为"茅寮"，多用香蕉叶、木竹、茅草做棚顶，铺上凉席，成为人们聊天、避暑、休息、下棋、打牌的公共空间（图 2-2-31、图 2-2-32）。

图 2-2-31　蔡白村凉棚

图 2-2-32　麻涌凉棚文化

2.2.6　传统建筑类型——庙宇、塔

　　云冈古寺始建于宋代，距今已有一千多年历史，是东莞境内集释、道、儒文化于一体的宗教寺庙。古寺三开间三进四合院式布局，历经多次重修，是东莞迄今发现的唯一一处同时留有明清重修题记的古建筑，2021年被列为广东省重点文物保护单位（图2-2-33）。

图 2-2-33　云冈古寺

金鳌洲古塔始建于明代万历二十五年（1597 年），合尖于明代天启四年（1624 年），历时 27 年。据悉，建塔之目的为"以培风气，亦堪兴家所宜也"。该塔原为抵御水害的"镇水宝塔"，塔高 40 余米，塔身为八角形，内有石级直通塔顶。盖顶有塔刹，无塔檐，无栏杆，砖牙叠砌（图 2-2-34）。

巍焕楼又称道滘文阁，专家考证为明代建筑。1932 年、1990 年分别对其进行重修。塔高三层，青砖密檐建筑，连葫芦顶共高 15.1 米，六角形，塔底为花岗石结构（图 2-2-35）。

图 2-2-34　金鳌洲古塔

图 2-2-35　巍焕楼

2.2.7 传统建筑类型——古园林

可园位于东莞市莞城街道博厦社区，始建于清代道光三十年（1850 年），占地面积 2200 平方米，是岭南园林的代表之一。园内亭台楼阁、山水桥榭、厅堂轩院，一应俱全。园林布局高低错落、曲折回环，空处有景、疏处不虚，是岭南园林之珍品（图 2-2-36、图 2-2-37）。

图 2-2-36 可园鸟瞰

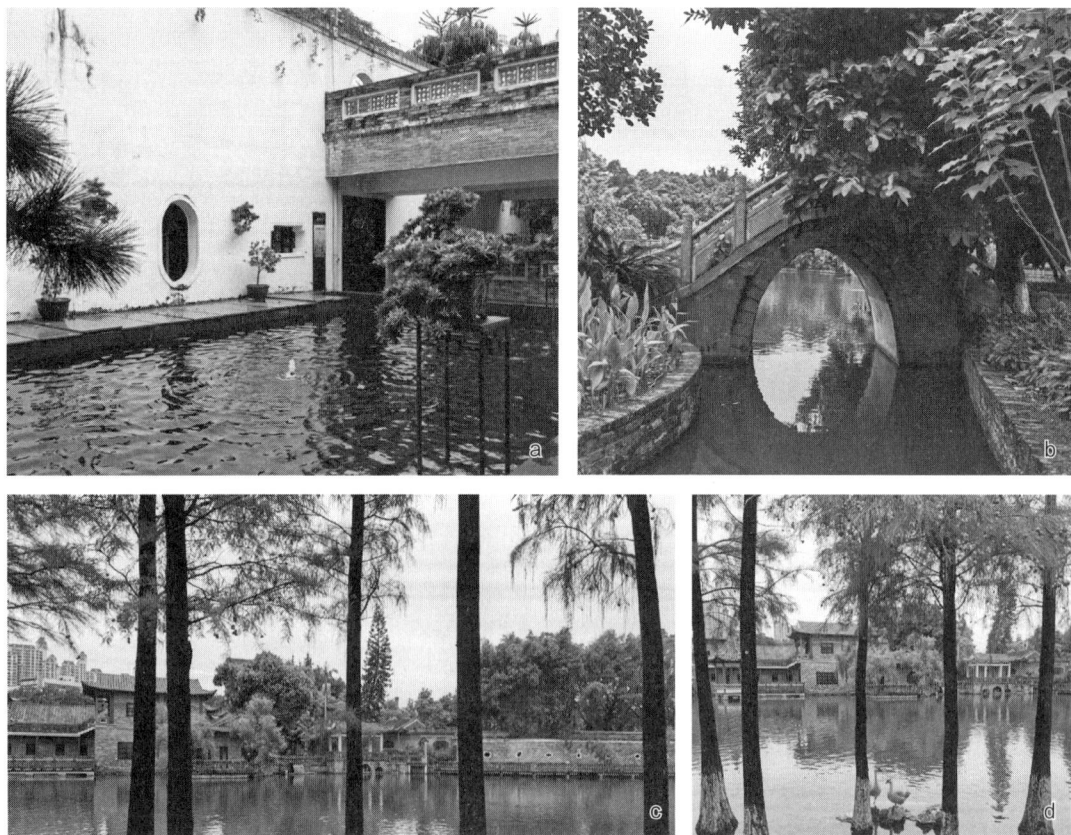

图 2-2-37 可园的优美环境

可园的建筑虽无统一的轴线，但大致按南北方向布置，体量适宜，且建筑之间组合精妙，又以檐廊、前轩、过厅、套间、敞廊等过渡空间连成群组，曲直长短随势，前通后连，变化随机（图 2-2-38、图 2-2-39）。

图 2-2-38　可园建筑与庭院

图 2-2-39　可园中的各种院门

可园的占地面积虽小，但布局紧凑、虚实得宜，建筑一般建在园边，园内以"连房广厦"式的庭园布局手法包围着两个较为开阔的内庭空间，视线不受阻隔，有空间感和距离感，不产生压抑感，故有小中见大的空间效果（图 2-2-40、图 2-2-41）。

图 2-2-40　可园建筑与庭院

图 2-2-41　可园园中形式多样的窗

2.3　东莞传统建筑营造技艺

2.3.1 营造技艺特色——木作、石作、砖作

东莞是广府文化的核心区之一，木结构建筑的大木构架建造较为成熟，保留的中原古制较多，有较高的历史价值（图2-3-1～图2-3-4）。

图2-3-1 南社村谢氏宗祠梁架

图2-3-2 南社村百岁坊梁架

图2-3-3 南社村百岁坊如意斗拱

图 2-3-4　塘尾村祠堂梁架瓜柱

　　东莞传统建筑小木作建造技艺精湛、异彩纷呈，如精美的隔断、屏风、门罩、门窗等，雕刻着各式人物故事、花木鸟兽，常常结合精美的木雕，展示木构建筑之美和工艺水平技巧（图 2-3-5、图 2-3-6）。

图 2-3-5　塘尾村书室中的隔断、门罩等

图 2-3-6　南社村祠堂中的隔断

2.3.2　营造技艺特色——木雕、石雕、砖雕

　　木雕雕饰是建筑结合构架及构件形状，利用木材质感进行雕刻加工、丰富建筑形象的一种雕饰艺术。一般雕刻于梁架、封檐板、垫台、隔扇、罩、花牙子等之上，植物类雕刻数量居多，以梅兰竹菊、四时瓜果、吉祥如意等艺术形象为主（图 2-3-7～图 2-3-9）。

图 2-3-7　谢氏大宗祠屋顶陶塑装饰

图 2-3-8　黎氏宗祠檐梁架木雕装饰

图 2-3-9　黎氏宗祠木雕装饰

石雕，常用于建筑物的檐柱、柱础、梁枋、门槛、台阶等地方，石材质坚耐磨，经久耐用，并且防水、防潮、外观挺拔，在建筑中需防潮和受力的构件常用（图 2-3-10～图 2-3-14）。

图 2-3-10　谢氏大宗祠石柱础

图 2-3-11　谢氏大宗祠夹杆石

101

图 2-3-11　谢氏大宗祠夹杆石（续）

图 2-3-12　江边村司马第石雕

图 2-3-13　祠堂常见的虾弓梁、狮子石雕

图 2-3-14　古井石雕

砖雕，是用凿和木槌在砖上加工，刻出各种人物、花卉、鸟兽等图案作为建筑上的某一部分的一种装饰类别，是一种历史悠久的民间工艺形式，是模仿石雕而出现的一种雕饰类别（图 2-3-15、图 2-3-16）。

图 2-3-15　超朗村民居砖墙

图 2-3-16　西溪村锦村公祠精美砖雕

2.3.3　营造技艺特色——陶塑、灰塑、彩描

陶塑瓦脊是岭南地区传统祠庙建筑的重要特征之一，其作用主要是增加祠庙的艺术表现力，使屋顶有崇高感，使建筑有丰富华丽的天际线。陶塑瓦脊上的装饰题材丰富、形象生动活泼、色彩绚丽多姿，体现了当时民间的社会风尚、审美情趣和民风民俗等（图 2-3-17～图 2-3-19）。

图 2-3-17 谢氏大宗祠屋顶陶塑装饰

图 2-3-18 塘尾村民居陶塑漏窗装饰

图 2-3-19 潢涌黎氏宗祠屋脊陶塑

脊顶饰物为鳌鱼，龙头鱼尾形象，两根长而弯曲的触须伸向天空，龙鳍和鱼尾都呈展开状，在蓝天白云的映衬下，显得十分威武、生动（图 2-3-20）。

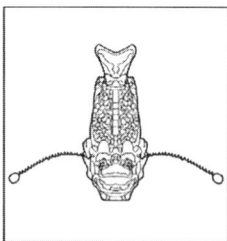

图 2-3-20 脊顶饰物鳌鱼

灰塑在广东古建筑装饰中占有一定地位，使用较为普遍，是以白灰或贝灰为原材料做成灰膏，加上色彩，在建筑物上描绘或塑造成形的一种装饰类别（图 2-3-21、图 2-3-22）。

图 2-3-21　潢涌黎氏宗祠屋脊陶塑灰塑装饰

图 2-3-22　祠堂屋脊陶塑戏曲人物装饰

彩描是灰塑的一种平面表现形式，着重于用色彩"描"和"画"，多用于檐下、外廊门框、窗框、室内墙面等部位。建筑立面檐下的墙楣，是墙面和屋面的过渡部分，由多幅画面组成，题材多为历史人物、神话故事或山水风景画等（图 2-3-23、图 2-3-24）。

图 2-3-23　南社谢氏大宗祠檐下彩描

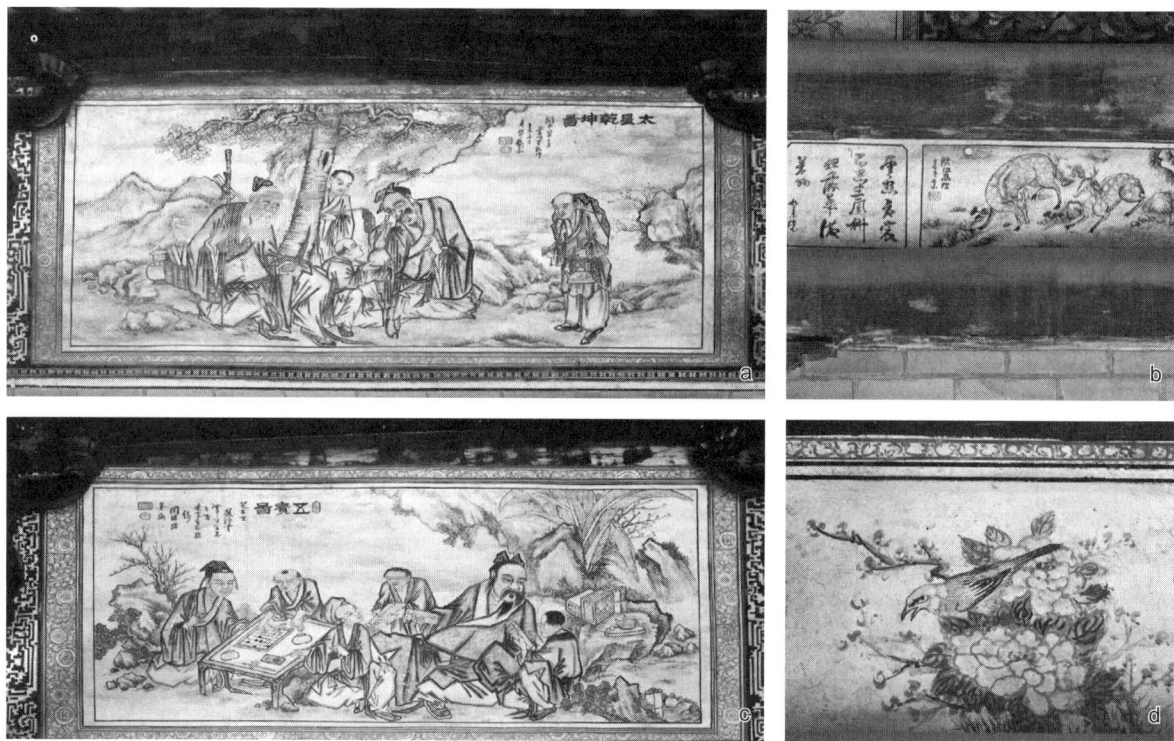

图 2-3-24　祠堂屋脊陶塑戏曲人物装饰

2.4 东莞地域建筑材料

2.4.1 地域建筑材料——红砂岩

红砂岩材质多用于建筑比较明显的装饰部位，并且应用广泛，不仅塾台、檐柱、虾公梁、门框、墙裙、勒脚、榫头、铺地等部位使用红砂岩，连磨砖对缝的清水砖墙包角或者立起的隔石也使用红砂岩（图 2-4-1）。

图 2-4-1 红砂岩材料的应用

2.4.2 地域建筑材料——麻石

花岗石在东莞民间被称为麻石，是极具东莞地域特色的传统建材。因其岩质坚硬、密度大且耐风化等优异物理特性，特别适合用于建筑中需要坚固防潮和体现永久性的关键部位。自清初以来，麻石在东莞地区村落祠堂民居建筑中的应用日益广泛，如窗套、门套等，也用于巷道铺设（图 2-4-2～图 2-4-4）。

图 2-4-2 麻石门套

图 2-4-3 麻石窗套

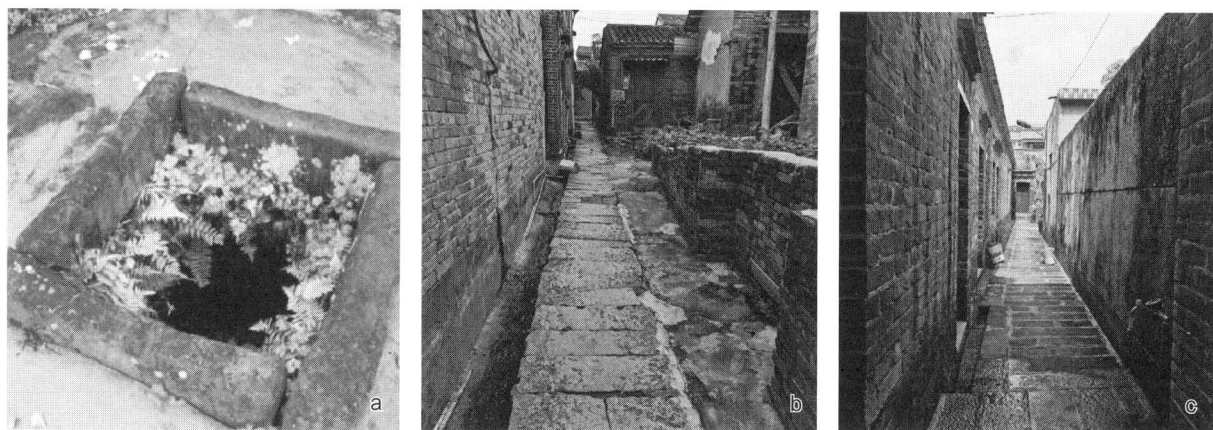

图 2-4-4 麻石条砌古井口及麻石巷道

2.4.3 地域建筑材料——砖土

东莞传统乡村建筑广泛使用青砖作为主要建材。明清时期，广府地区以稍潭村出产的"东莞大青"最为著名，其原料取自当地丰富的香蕉农田优质生土。建筑中根据部位需求选用不同规格的青砖，包括大青砖（因主产东莞而得名，尺寸较大）、普通青砖及水磨青砖等。客家村落则多见夯土墙，或采用青砖与生土混合砌筑以增强墙体稳固性（图2-4-5～图2-4-10）。

图 2-4-5　白沙逆水流龟村围墙——青砖与土修筑

图 2-4-6　塘尾村围墙
——青砖

图 2-4-7　西溪村南门围墙
——青砖

图 2-4-8　白沙逆水流龟村民居
——青砖

图 2-4-9　邓屋村民居夯土墙、砖墙

图 2-4-10　凤岗村民居夯土墙体

2.4.4 地域建筑材料——蚝壳

蚝壳坚硬，美观，是珠三角地区常用的地域性建筑材料，常用于装饰房屋、门窗，砌筑墙体等。既能防潮、坚固、耐腐蚀等保护作用，又使建筑具有特别的地域特色，展现了传统营造智慧。东莞河网盛产蚝壳，明清时期，东莞乡村广泛设立贝灰窑，将随处可见的蚝壳烧制成壳灰用于建筑（图 2-4-11、图 2-4-12）。

图 2-4-11　可园蚝壳窗

图 2-4-12　周屋村润园博物馆蚝壳装饰

111

3

第 3 章

东莞城乡风貌格局

为确保研究的准确性和全面性，本章在考虑村落地域特色的基础上，依据课题组在东莞市 32 个镇街的典型村落实地考察结果进行整理，选择了东莞市 40 余处村落和 50 余座乡村建筑作为研究样本。这些样本包括中国传统村落、广东省传统村落、省级保护单位及更新改造后的乡村建筑，涵盖了传统村落、风貌特色村落和普通村落等多种类型。结合实地调研采集的东莞城乡整体空间风貌要素信息，利用乡村形态矢量数据和影像图示数据，采用城乡规划学、建筑学、风景园林学等多学科技术方法对东莞村落风貌形态、人文地理、空间格局以及色彩情况分布等进行量化和特征识别，进而完成东莞城乡风貌资源的整合和特征归类，为构建东莞城乡风貌控制体系提供了科学依据。

3.1 东莞城乡风貌特征

东莞地区地理环境特征明显。东南部群山环绕，西北部则由密集的水网构成，这一地理格局在空间上形成了自南向北以山、城、江为序，从东到西由田、城至海的连绵布局，其间自然与人文景观有机交融，这种独特的山水地貌不仅展现了地区丰富多元的自然生态，还赋予了东莞多层次的文化内涵。该地区森林覆盖率高达 37.4%，设有 14 个森林公园、14 个湿地公园和 6 个自然保护区，彰显了其生态优势。地势上，东南高、西北低，主要由丘陵、台地和冲积平原构成，形成了东南丘陵、东北埔田、西北围田及西南沙田的地貌分布。水系发达，河涌纵横，其中 96% 的河流属于东江流域，形成了众多的水田和鱼塘，凸显了东莞乡村的岭南水乡风貌。

东莞的乡村历史悠久，拥有大量珍贵的物质和非物质文化遗产，包括 2 个国家级历史文化名村和 7 个省级历史文化名村，以及众多的国家级、省级传统村落。这些村落大多集中在中东部地区，如南社村、塘尾村、超朗村和西溪村等，村落中保存了大量明清时期的古建筑群，建筑保存状态良好。同时，非物质文化形态多样，包括生活方式、民俗礼仪和邻里关系等，多数村落聚集形式以单姓氏血缘关系为基础，形成了独特的"聚族而居"模式。这些传统村落在物质和非物质层面均提供了丰富的文化内涵，反映了东莞深厚的文化底蕴和生态智慧。

从东莞村落层面看，村落的形态和布局体现了对自然地理条件的深入理解和利用，特别是地形地貌、水体形态、整体肌理、街巷尺度和空间格局等元素的综合应用。这些村落通常遵循传统的宗法制度和风水观念，依山傍水而建，采用典型的梳式布局，其中宗族祠堂多位于村落的前端。由于东莞水网河涌的多样性，村落布局呈现多样化，但基本上是梳式布局的演变形式。

具体来看，村落与水体的关系决定了其布局类型，主要包括规整性布局、以水为中心的布局以及沿涌而居的带状布局。例如，麻涌新基村采用典型的沿涌而居带状布局，村内宽 15 米的新基河环绕村落，形成顺应河流流向的整体布局。村内建筑大多面向河涌，坐西向东，沿河自然分布，展示了"河－街－屋"和"屋－街－屋"的建筑布局。这种依水而立、因水成街的布局充分体现了东莞岭南水乡村落的特点，加之村中小桥流水、凉棚祠堂、榕树蕉林等别具特色的景观要素共同构成了东莞独具魅力的水乡风貌。例如，新基村的交通组织呈"鱼骨状"街巷格局，主街为主轴，两旁分布有巷道，街巷两侧则是风貌统一的祠堂和公祠，确保了村落景观的连续性。此外，新基村的巷道与河涌垂直，对正埠头，具有交通、通风和防火的功能，反映了其清晰的村落肌理和完整的格局。在东莞东南部，山林密布的地区多为客家聚居地。以黄洞村为例，村中布局依等高线，主街道沿山体向上延伸，与林田交错，呈现出规整的布局。黄洞村保留了完整的村落格局和传统文化生态，其规划布局科学且蕴含深厚的风水文化意蕴。村口自西向东沿东深河延伸，形成优美的两山夹一水的风水格局。村庄依山而建，祠堂和住宅均严格依巷而建。主要街巷沿山体向上，向两侧可进入排屋，大部分街巷以水泥铺路，保留的两条石板铺路的街巷增添了历史感，街巷的宽度保持在 1.5～2.0 米，巷道布局统一，形成了清晰的巷网结构（表 3-1-1）。

东莞传统村落形态示例 表 3-1-1

村落案例	石排镇塘尾村	麻涌镇新基村	凤岗镇黄洞村	虎门镇白沙逆水流龟村堡
类型	中国传统村落、国家级历史文化名村	广东省传统村落省级历史文化名村	广东省传统村落省级历史文化名村	东莞市古村
民系文化	广府	广府	客家	广府
地理特点	埔田	水乡	山林	滨海
村落形态				
巷道肌理	依自然山势缓坡而建，形成七纵四横的"井"字形网状街巷格局	水陆并行、因水成街。以南北向直街为主轴，旁生里巷，形成"鱼骨状"的街巷格局	主要街巷沿山体向上，向两侧可进入排屋，构成"网格状"的街巷格局	以南北向直道为主，两旁并列三条横巷，形成三横一纵的街巷格局
建筑特色	祠堂、书屋、家塾等众多，民居以广府民居为主	建于明清时期的祠堂、庙宇等建筑众多，依水建有龙船棚、凉棚等水乡建筑	以客家排屋与碉楼为主要建筑特色	典型广府民居，村堡四周设有护濠、护墙、炮楼等防御构筑物

（资料来源：白颖 绘）

建筑单体方面，东莞乡村建筑通过材料、结构、色彩、风格、技术工艺、功能等元素表现出了多样性和文化融合，使得东莞的村落不但在视觉上具有吸引力，而且在文化和社会结构上具有独特性。埔田片区的建筑单体反映了广府文化的深厚影响。该地区传统建筑主要采用"三间两廊"的结构作为基本的居住单元，这种布局非常适应家庭和社会功能。独立式的祠堂是这些建筑群中的核心，常常统领整个居住区，而庙宇、更楼、炮楼等则策略性地布置在村落的外围，起到保护村落的作用。在以客家文化为主导的山林地区，排屋和高耸的碉楼是主要的建筑形式。排屋通常呈现线形排列，适应了山区地形的限制，而碉楼则因其防御功能而在地区内广泛分布。广客文化交融区则展现了一种建筑多样性，其中各种建筑类型和形制在同一村落内共存并相互融合。这种融合不仅体现在建筑风格和结构上，还包括建筑材料和技术工艺的交流。例如，使用地方特有的材料，如青砖或红瓦；并采用地区特色的装饰手法，如木雕和石雕，这些元素在不同文化背景下的建筑中都能找到。

以南社古村为例，多种建筑类型和形制在同一村落内共存，南社古村是谢氏家族聚落，拥有明清时期的祠堂，其中原有36座，现存并修缮良好的有30座，29座属于谢氏家族。这些宗祠多位于4片串珠水塘两侧，沿着水塘向岭逐渐分布稀疏。它们的建筑装饰采用了地域传统的手法，保留了木雕、石雕、砖雕和灰塑的"三雕一塑"雕刻工艺。值得一提的是，谢氏大宗祠的石狮、鳌兽装饰、家庙的垂脊灰塑和资政第的花鸟木雕十分精美，每个宗祠都展示了独特而协调的艺术文化底蕴。祠堂建筑通常采用易于雕刻的青麻石作为门面材料，墙面则使用青石砖，下部铺设红砂石，这些都是岭南地区常见的建筑材料。南社古村祠堂的屋顶采用广东传统的丰富色系，大多数端头使用博古脊，同时常见的是吉祥的鳌鱼脊兽。鳌鱼象征着对水的敬畏，同时鳌头代表着祈福和成功的寓意。村内也广泛设有明清时期的脊兽狮子，这些狮子的图案还出现在村内门口的石雕和浮雕墙绘之上，寓意着吉祥和家宅的守护。

3.2 东莞传统乡村风貌价值认知

物质和非物质文化遗产是乡村风貌重要的组成部分，是承载历史、寄托乡愁的重要媒介。"乡村风貌价值"视角的切入，为特色村镇地方记忆驻留与特色风貌塑造提供了新思路。2018年国务院印发《乡村振兴战略规划（2018—2022年）》指出，要使乡村优秀传统文化得以传承和发展，不断改善乡村人居环境质量，推进城乡融合，加强乡村风貌整体管控避免千村一面，防止乡村景观城市化，将乡村风貌的内涵加以深化。乡村中的物质文化遗产涵盖了传统院落、建筑、牌楼、塔、亭、井、窑、桥、古树、古塘等多种形式，而非物质文化遗产则包括传统工艺、民俗习惯、戏曲舞蹈、美术书法、方言传说等丰富的文化表现。从文化遗产保护的视角，以及区域可持续发展的角度来看，深入挖掘和认知传统村落的文化风貌具有重要意义。这一过程不但有助于保护和延续东莞传统村落的独特价值和特色，而且对于塑造和突出东莞乡村的地域特色也发挥着关键作用。通过这种方式，可以有效地提升传统村落在文化、情感、经济和社会层面的价值，从而重新塑造东莞乡村的独特风貌特色。

3.2.1 顺应自然的村落环境格局

东莞村落的布局展现了对自然环境的深入理解和顺应，不仅反映了地理和气候条件的实际需求，也体现了传统文化在现代环境中的持续影响。

东莞地区传统村落的选址策略通常依水域、耕地或山地而定，以便利农耕、日常生活和外部联系。这种地理选择不但适应了岭南地区湿热多雨的气候特征，而且与广府地区传统的村落梳式布局相吻合。东莞的传统村落格局主要呈现为三种类型：规整梳式布局、相对自由的梳式布局和自由布局（表 3-2-1）。这些布局类型不仅因各村落所处的具体环境而有所不同，也体现了村落在文化传承与现代化适应中的灵活性。规整梳式布局通常见于地势平坦、易于规划的区域，而相对自由的梳式布局则更多地依赖于自然水系的走向，自由布局则典型地选择在地形复杂的山地或丘陵地区，以最大限度地利用自然地形，实现生活与自然环境的和谐共存。

在规整梳式布局中，如寮步镇西溪古村所示，村落的建筑沿一定方向整齐排列，形似梳齿，并通过狭窄的"里巷"连接，形成有序的村落肌理。此外，村落前方常设有风水塘，塘旁则布置有用于晾晒谷物或举行集体活动的长方形广场空间，即禾坪。然而，由于地形和其他环境要素的差异，即使在地形较平坦的地区，这种严格的梳式布局也不常见，更多的村落选择依水塘或河涌建立，布局虽整齐但不如规整梳式布局严格。有些村落甚至采用放射状布局，以适应自然地形并改善居住环境的炎热气候。南社村位于茶山镇，以其自由梳式布局的中国传统村落建筑群而闻名。该村保留了较为完整的布局和多样的建筑类型，其中众多祠堂已成为全国重点文物保护单位。东莞的水乡聚落，例如，广东省传统村落麻涌镇新基村，同样展现出独特的自由梳式布局。新基村环绕河流建设，其建筑和街巷沿河垂直展开，形成了一种相对自由的梳式布局。

除了梳式布局，另一种常见的自由布局形式表现为村落中的建筑布局较为松散，各建筑根据地形地势选择不同朝向。这种布局常见于地形起伏的山地或丘陵地区，如桥头镇迳联村。在这类村落中，建筑群通常平行于山丘的等高线而建，朝向灵活多变，依地形自然排布，从而提高了对环境的适应性并增加了生活的便利性。这种布局方式不仅展示了传统村落的环境适应策略，还体现了古村落建筑与自然环境协调一致的智慧。

东莞村落格局类型及实例   表 3-2-1

布局类型	规整梳式布局	相对自由的梳式布局		自由布局
具体形式				
布局特征	建筑按照同一方向整齐地排列成行，形似梳齿	村落整体面向水塘或垂直于河涌，建筑群的布局呈整齐的梳式布局形态		建筑分布松散，沿地势布局
实例名称	寮步镇西溪村	茶山镇南社村	麻涌镇新基村	桥头镇迳联村

（来源：赵晗. 东莞祠堂建筑遗产价值研究［D］. 广州：华南理工大学，2022.）

3.2.2 类型多元的传统建筑

东莞的传统建筑，在不同地理环境和历史阶段的背景下，受到多元文化的影响，表现出极高的适应性和包容性。这种文化的融合和交流，促使东莞建筑发展出了丰富多样的类型。例如，民居建筑中广府的"三间两廊"建筑与客家的排屋建筑，而更楼、炮楼和碉楼则体现了防御功能的需求。此外，村落的中心通常设有宗祠和家庙，而村落入口则常设有标志性的牌坊。宗教庙宇与塔楼同样是村落中不可或缺的元素。地理气候和民风民俗的影响也促成了河涌旁的凉棚、凉亭以及与民俗活动赛龙舟相关的龙船棚等建筑的产生（表3-2-2）。

在建筑材料的选择上，东莞传统建筑主要采用木、石、砖、瓦等自然材料，其中红砂岩、麻石和蚝壳的使用尤为突出。红砂岩以其易于采集、吉祥的色彩和精致的外观，被广泛用于祠堂的正立面、山面、地面以及主要的装饰部位。尽管红砂岩在自然环境下易于风化，其独特的质地和色泽却为建筑增添了艺术效果与地域特色。例如，在祠堂中，红砂岩不仅用于构建塾台、檐柱和虾公梁等结构，还用于装饰门框、墙裙和勒脚等。此外，即使是清水青砖墙，也常用红砂岩来包角或设置立起的隅石，进一步强化建筑的视觉冲击力和地域特色。

东莞建筑类型 表 3-2-2

祠堂	民居	书室	门楼	碉楼
凉棚	龙船棚	庙宇	塔	牌坊

（来源：白颖 绘）

3.2.3 精湛多彩的营建技艺

东莞是广府文化的核心区域，以其传统建筑的大木构架体系而著称，这一体系不但成熟而且深刻地保留了中原古代的建筑制度，还具有显著的历史价值。在小木作方面，技艺精湛，例如，精美的隔断、屏风、门罩和门窗等，这些木作常被雕刻以丰富的人物故事和自然图案，如花木及动物，展示了木构建筑的美感及高超的工艺技巧。东莞的建筑装饰类别繁多，技艺精湛，现存的传统建筑保存了大量木雕、石雕、灰塑和彩画等装饰艺术（表3-2-3），这些作品不仅艺术价值高，而且富含人文精神，体现了对自然美的审美和崇尚文化的心理。特别是祠堂，作为宗族文化的物质表现，不仅是村民举行婚丧喜庆和祭祀活动的场所，也是传统建筑技术和艺术的集中展现。祠堂中不仅展示了广府村落的典型建筑符号，如镬耳山墙、博古脊、虾弓梁等，还展示了建筑的空间布局、营造技艺、结构体系和装饰特色，以及祠堂在整个村落中的地位。以麻涌镇新基村的璞潮家庙为例，始建于 1917 年，由广东省民国时期的省长莫柱一为纪念其父莫璞潮所建。这座近百年的建筑在材料和制作上考究，其木制大门由整板制作而成，大厅内部支撑以粗大的木柱，这在当地祠堂中较为少见。其梁架上的木雕保存完好，展示了多样的题材，反映了木构建筑的美和精湛的工艺水平。祠堂的装饰精美，如隔断、屏风、门罩和门窗等均雕刻有各式人物和自然景观，彩画则装饰于檐下、外廊门框、窗框及室内墙面，描绘的自然山水和家族训言展现了新基村的务实世俗美学和文化兼容性，表达了崇文重教的社会价值观。

东莞建筑装饰工艺 表 3-2-3

木雕	砖雕	石雕	陶塑	灰塑

（来源：白颖 绘）

3.2.4 内涵丰富的非物质文化活动

在当前文化遗产活化利用的背景下，非物质文化遗产与物质文化遗产之间存在着密切的联系。在传统村落中，物质空间如祠堂、街巷、广场等不仅是村落的结构组成部分，更是非物质文化遗产的承载空间。这些空间中进行的活态传统文化活动，如各类节日庆典、仪式和表演，成为乡村风貌的活力源泉。因此，重视并促进这些传统文化活动在乡村中的延续，是实现乡村遗产价值保护与传承的重要途径，也是展示乡村风貌活力的关键。

东莞市的非物质文化遗产资源尤为丰富，涵盖了从口头文学到传统手工艺的广泛领域。口头传承艺术如木鱼书、咸水歌和客家山歌，传统表演艺术如粤剧、舞龙狮和舞麒麟，以及众多的民俗活动和传统手工艺，如东坑卖身节和莞城千角灯，都是其文化多样性的体现。截至 2006 年底，东莞市政府启动了为期十年的《非物质文化遗产保护规划》，标志着该市非遗保护工作的有序推进。随后于 2007 年，东莞市非物质文化遗产保护中心正式成立，进一步加强对非物质文化遗产的保护，东莞市采取了更多措施。目前，该市拥有国家级、省市级非遗项目 167 项，其中包括 54 项省级和 10 项国家级项目。这些项目涵盖了多个领域，例如东莞千角灯、龙舟制作技艺、樟木头舞麒麟等。此外，东莞市培养了大量非遗传承人，包括 5 名国家级、24 名省级以及 55 名市级传承人，并建立了 9 个省级和 11 个市级非物质文化遗产传承基地、生产性保护示范基地与研究基地，形成了一个全方位覆盖的非遗保护网络。

该网络不仅包括民间文学、传统音乐、舞蹈、戏剧、体育、游艺、美术、手工艺、传统医药及民俗等十大类非遗领域，还涵盖了《东莞木鱼书》《东莞民间音乐集成》《东莞非物质文化遗产名录》及

《非遗东莞》等关键出版物，为研究和传承东莞丰富的文化遗产提供了重要资源。这些努力共同促成了一个高标准、强有力、系统化的非物质文化遗产保护与传承局面，有效地保障了这些文化财富得以保存和活化，为当地乃至全国的文化多样性提供了宝贵的资源。

3.3　东莞城乡整体风貌格局

东莞位于粤港澳大湾区与珠江三角洲城市群的战略节点，其地理位置得天独厚。历史上，广府、客家与疍家三个民族在此地共生共融，形成了独特的文化交融现象。由于自然地理、历史演变及人文交互的影响，东莞形成了地域文化多元、空间形态多样、乡村风貌多彩的整体风貌格局（图3-3-1）。结合东莞乡村风貌现状，本研究深入探讨东莞传统村落的风貌价值，借鉴文化地域性格理论，科学总结出东莞城乡风貌特色，为明确和强化东莞城乡的风貌特色提供了科学依据。在城乡风貌塑造中，本研究强调了物质与非物质文化遗产的动态保护和有机传承的重要性，旨在构建东莞城乡的整体空间结构，从而增强区域文化的凝聚力，增强文化自信，并为城乡一体化发展提供坚实的文化支撑。

图3-3-1　影响东莞风貌的山形水系文化示意
（图片来源：课题组 绘）

在塑造东莞城乡特色风貌过程中，本研究提倡关注构成村镇风貌的多元复合因素，并推动其未来发展。这要求从传统的局部保护策略转向更全面的整体保护方案。尽管不同类型的村镇在实施保护策略时可能侧重点不同，但必须确保对所有相关方面均给予适当的关注。

具体而言，需结合东莞的自然地理、人文特征和空间形态等因素，在乡村风貌塑造中重点综合考虑自然生态景观、人文资源、建筑风格、公共环境及标识系统等方面，科学构建系统的整体风貌导控策略（图3-3-2）。优化村镇的空间布局，强化其与自然山水的关系和重要景观视廊的连续性，突出传统村落的特色风貌。保留村镇的传统街巷和空间轴线肌理、立面样式及节点空间，保持民居建筑群的密度、

118

高度、材料和色彩，以保护其群体结构。注重对重要传统建筑及标志性建筑的活化利用，以确保历史文脉的连续性。同时，新旧建筑风貌的融合以及新建建筑的风貌细化控制也需得到重视，强化公共环境的建设和设施完善。此外，对非物质文化遗产的传承也应受到同等重视，以活化和释放空间潜力，全面展示村镇特色。这种综合性的方法将有效解决东莞当前的风貌问题，并促进乡村特色风貌的全面提升。

图 3-3-2　城乡整体空间格局引导示例
（图片来源：课题组 绘）

4

第 4 章
东莞城乡特色风貌导控体系建构

城乡特色风貌的构建应基于文化传承与创新的融合，同时兼顾城市文化特色的建设和乡村生活品质的全面提升。这种双向发展的策略应致力于展现多元和谐的美学视角，从而形成一个既保留各自美学特色又能共享和谐美感的城乡景观。强化区域文化的认同感，有效推动社会经济的全面发展。

本章立足于传承城乡历史文化与塑造现代风貌相结合的原则，借鉴世界遗产保护理论、文化结构层次理论等相关理论对东莞城乡文化遗产价值与特征进行深入挖掘与科学阐释；应用文化地域性格理论工具科学概括东莞城乡风貌特色，从地域技术特征、社会时代精神、人文艺术品格三个层面深入挖掘东莞城乡地域文化特色，提取东莞乡村的风貌要素，对影响地域特色城乡风貌的全域元素进行逐级细化分解；为从宏观到微观层次的风貌塑造研究奠定了基础，针对东莞城乡的不同自然生态景观（田园／水域等）、人文景观资源（传统／现代人文空间等）、乡村建筑（民宅／公共建筑等）、公共环境和标识系统五个方面，构建五类三级的东莞城乡特色风貌控制体系，分类分区提出由宏观到微观的东莞乡村建筑风貌塑造导则，使乡村建筑风貌建设回归到正确的价值取向。

4.1　东莞城乡风貌导控目标与依据

本节通过对乡村振兴政策的解读，进一步探讨了在东莞城乡融合发展过程中，塑造具有区域特色城乡风貌的必要性和重要性，从而确立了城乡特色风貌的塑造应基于文化传承和特色塑造相融、城市文化特色建设和乡村生活品质提升一体的目标。深入理解了城乡特色风貌的塑造不应局限于传统意义上的以城统乡（城市化）模式，也不应忽视产业发展与提升乡村生活品质，应保持乡村风貌的地域特色，城乡呈现出"各美其美"和"美美与共"的美丽和谐图景。

4.1.1　形势与政策解析

建设传统风貌与现代生活相融合的美丽乡村，是实现美丽中国建设与发展的要求。从国家与地方的一系列乡村建设政策可知，我国当前的城乡建设是从中央到地方的全国性运动，城乡建设进入了一个深度发展、高度融合的转折阶段，是一个时代的命题。

1. 美丽中国建设之路

党的十九大首次提出实施乡村振兴战略，此后十九届五中全会进一步强调了全面推进乡村振兴，加速农业和农村现代化的重要性。2020 年，五中全会的《中共中央关于制定国民经济和社会发展的第十四个五年规划和二〇三五年远景目标的建议》中提出了"乡村建设行动"，这主要是因为乡村建设面临众多历史遗留问题、发展基础薄弱及农民需求迫切。该行动强调，必须通过集中期的建设努力，解决农村现代化的短板。此外，"行动"不仅是概念性的表达，更需具体实施到各个工程项目中。此举旨在促进教育、医疗、文化等资源的优化配置，拓展至乡村地区，确保农民能享受到与城镇居民同等的公共服务。经过五到十年的努力，目标是显著提升农村的公共设施和服务水平，让农民群众实实在在感受到获得感、幸福感和安全感。

东莞市政府以乡村文化振兴为突破点，统筹推进乡村振兴各项工作，落实《关于推进乡村振兴战略的实施意见》，并进行了《关于全域推进农村人居环境整治建设生态宜居美丽乡村的实施方案》《创建生态宜居美丽乡村示范试点系列工作方案》等工作部署。2016 年，东莞市政府结合东莞市的实际情况，制定并公布了四部有关保护历史文化名城的管理办法，分别是《东莞市历史文化名城保护社会资金引入暂行管理办法》《东莞市历史文化名城、名镇、名村保护管理暂行规定》《东莞市历史文化街区保护管理暂行办法》及《东莞市历史建筑保护暂行管理办法》。这四部管理办法是在原有的关于历史文化名城或历史文化名村的相关保护法规基础上，结合当地实际情况制定的，具有很强的针对性。将历史文化街区、历史文化名村、传统村落划入乡村建设风貌区，对传统村落进行整体保护和活化利用，使其历史文化价值增益，实现以文兴村，以旅兴村，以道兴村。

2. 绿色生态发展之路

中国经济已从高速增长阶段转向高质量发展阶段，其中加强绿色生态建设是实现这一目标的关键。党的十八大以来，生态文明建设被纳入国家发展的"五位一体"总体布局中，并将"美丽中国"确立为远景目标。在此基础上，中国实施了一系列生态环境保护措施，推动了绿色发展，并率先发布了《中国落实 2030 年可持续发展议程国别方案》及《国家应对气候变化规划（2014—2020 年）》，引领生态环境保护的历史性、转折性、全局性变化。2020 年 9 月，习近平主席在联合国大会上承诺，中国将增强国家自主贡献，力求在 2030 年前让二氧化碳排放达到峰值，并努力实现 2060 年前碳中和。这一"双碳"目标不但对中国的绿色生态发展起到统领和引领作用，而且有利于经济、能源及产业结构的转型升级，促进生态环境保护与质量的改善，进一步推动了美丽中国的建设目标。

我国颁布了一系列政策文件以推进乡村风貌建设，例如《国务院办公厅关于改善农村人居环境的指导意见》。2020 年 8 月，《广东省人民政府关于全面推进农房管控和乡村风貌提升的指导意见》特别强调了农房管控的重要性，目的是提升乡村风貌并通过改善农村居住环境促进农村的优化发展，增强农民群众的幸福感、获得感和安全感。东莞市结合其成为湾区都市和品质东莞的发展目标，制定了以建设"城乡高质量融合示范区、湾区都市魅力栖居地"为总体目标的多项实施方案，如《东莞市农村环境"五整治"工作方案》《东莞市整治旧村工作实施方案》及《东莞市宜居城乡建设工作实施方案》等，这些措施旨在改善乡村环境并承接城市的扩展需求。此外，东莞市也在推动新能源及节能环保产业的发展，如新型电力系统的建设和东莞新能源研究院的成立，这些都是响应国家的"碳达峰"和"碳中和"战略，促进了广深科技走廊和粤港澳大湾区新兴能源产业的发展，帮助东莞实现从世界工厂向生态之都、绿色之城的转变。

3. 城乡高度融合之路

城市是我国的政治、经济、文化中心，乡村是我国农业生产的广阔区域、乡风民俗的重要载体、生态保育的前沿阵地。统筹推进新型城镇化和乡村振兴协调发展，需要提升乡村功能价值，通过特色塑造，在保证乡村生活水平达标的基础上，凸显乡村产业、风貌、文化、治理特色，体现有别于城市的价值。

2000 年以来，我国连续发布以解决"三农"问题为主题的一号文件，同时在党的十六大以来的报告中先后提出了城乡一体化、城乡融合等政策，我国的城乡发展进入新型城乡关系构建时期，即城乡统筹。2021 年 4 月 29 日，《中华人民共和国乡村振兴促进法》由中华人民共和国第十三届全国人民代表大会常务委员会第二十八次会议通过。为全面实施乡村振兴战略提供有力法治保障，整体部署促进乡村产业振兴、人才振兴、文化振兴、生态振兴、组织振兴的制度举措，对促进农业全面升级、农村全面进步、农民全面发展，全面建设社会主义现代化国家具有重要意义。同时，通过坚持系统理念，处理好城乡发展与减排、短期和中长期的关系，以绿色低碳发展为关键，落实区域发展需求为实现城乡高质量发展，必须从"重视数量"转向"提升质量"，既要建设品质城市，也要促进城镇发展由外延式向内涵式转变，促进城镇化可持续发展。

综上所述，东莞乡村风貌塑造应着眼于贯彻乡村振兴战略，推动农业农村现代化，以建设美丽中国和推进绿色生态发展为中心任务。重点在于促进城乡高度融合，提升乡村功能价值，凸显乡村产业、风貌、文化和治理特色，实现城乡统筹发展的新格局。目前，东莞市政府以乡村文化振兴为核心，积极推动乡村振兴，涵盖完善农村人居环境、创建生态宜居美丽乡村示范等方面。通过具体的乡村建设行动，解决历史问题、改善发展基础，确保东莞城乡居民享受高品质的人居环境，提升其幸福感和安全感。

4.1.2 东莞城乡风貌塑造目标

在分析了当前乡村振兴的形势与政策后，可以看到新型城镇化战略规划要求高度整合城乡社会经济发展，同时促进乡村风貌建设和村居形态的发展，以恢复其正确的美学取向和展现新时代的乡村特色。东莞的城乡风貌是自然环境、历史人文及社会因素共同作用的结果。在塑造东莞的城乡特色风貌时，应深入理解"传统与现代的关系"和"继承与发展的关系"，不仅仅追求美丽乡村的基础建设，更应构建一个系统性、全局性的可持续性和健康绿色的乡村风貌建设体系。从多方面实现符合乡村特色风貌的地域特征、文化特色、时代特点，契合整体社会经济发展的客观合理性要求，为此，应从以下三个方面实现目标：

1. 建设城乡融合的优美宜居环境

乡村是助力建设宜居宜业宜游都市的重要阵地，亟需发挥乡村资源、生态和文化优势，挖掘和活化乡村传统文化资源，引进新型业态，突出地域特色，发展适应城乡居民需要的休闲旅游、餐饮民宿、文化体验、健康养生、养老服务等产业。

2. 提升乡村风貌和景观价值

融合山、水、林、田、海、宅等各类自然地貌与人文要素，绘制乡村特色风貌地图，重塑乡村风貌特色，彰显独具魅力的乡村风貌，是焕发与提升乡村功能价值，推进城乡融合发展的重要举措。

3. 实现乡村遗产的传承与转换

乡村建设要留得住乡愁，通过建设乡村风貌区，促进传统村落的整体性保护和活化利用，不仅可实现乡村文化遗产的有效传承和转换，还能增强文化凝聚力和文化自信。这种做法不仅保护了历史和文化遗产，还为当地居民和游客提供了深度的文化体验，从而提升乡村的整体价值和吸引力。

4.1.3 东莞城乡风貌导控编制依据

1.《中华人民共和国城乡规划法》
2.《中华人民共和国乡村振兴促进法》
3.《广东省城乡规划条例》（2013）
4.《广东省乡村风貌修复提升指引（试行）》
5.《东莞市乡村建设规划（2018—2035年）》
6.《东莞市农民安居房乡村风貌导则（试行）》

4.2 东莞城乡风貌类型划分及其特征

考察东莞乡村的地理环境，可见其"地形略似长方，而地势则以东南两部为最高，多崇山峻岭，尤以东部为最中部次之，多冈陵起伏，北部腹地东江之地渐趋平坦，西部亦因东江与珠江汇流出口以入狮子洋，其地平坦而低陷。以言山之高者在东部附近，惠阳县界及南部宝安县界为最高耸，而西北两部为低陷，次则为中部之冈陵，峡谷山坑之地。"①尽管如今东莞的地理环境有所变化，但总体上仍为东南高，西北低的地形特征，这种多样的自然环境为塑造区域特色风貌提供了丰富的基底。对于东莞城乡自然环境所形成的不同风貌特征归纳为"田园""山地""水乡""滨海"四大风貌片区（图4-2-1）。

| a 滨海风情片区——厚街镇大迳社区 | b 山地特色片区——清溪镇铁场村 |
| c 田园文化片区——桥头镇迳联社区 | d 岭南水乡片区——望牛墩镇赤滘村 |

图4-2-1　东莞乡村风貌格局及调研示意
（图片来源：课题组 摄）

---

① （民国）朱庆澜，等.广东通志稿（二）[M].海口：海南出版社，2006：869.

从东莞城乡人文地理角度来看，东莞在数千年的文化演进中孕育了丰富的人文内涵。其特殊的地理位置和社会经济背景使得广府、客家、疍家等不同文化在此融合交汇。首先，东莞地处广府文化的核心区，中部地区地势平缓，城乡聚落保留了大量的广府传统村落与民居，形成了广府文化风貌突出的片区。其次，东南部及中部的低山丘陵地带则保留了众多的客家建筑，成为客家文化的聚集点。广府文化和客家文化在此相互融合，交汇产生出独特的城乡风貌景观。而西南部的滨海区域则是疍家文化的重心，疍家独特的民风民俗在此蓬勃生长（图4-2-2）。

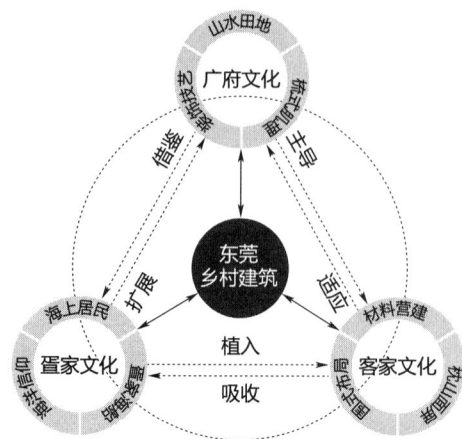

图 4-2-2　东莞乡村文化基因示意
（图片来源：乔忠瑞 绘）

本书从东莞乡村的自然地理与人文资源的角度出发，通过叠合分析自然地理要素、人文资源特色、传统聚落及民居形态等多个文脉因素，溯源并总结东莞城乡文化的发展。针对东莞城乡展现出的风光旖旎、特色鲜明的风貌特点，本研究提出城乡融合发展中东莞特色风貌的塑造，应按地理与文化特点进行区域划分，并针对不同片区制定具体的风貌塑造策略及引导措施。

基于以上广义建筑学视角对于东莞乡村建筑的地理环境、文化环境进行分区的划定与叠加，根据乡村与自然生态景观、人文资源、建筑类型等风貌要素的不同现状特征，将东莞城乡划分为埔田淳风、水乡情韵、山林野趣、滨海嗷歌、都市闲隐五大特色风貌区。这一分类为后续研究各区域特色风貌塑造提供了理论基础和研究方向，借助于风貌片区分类不仅能够有效地统一自然生态、人文环境、建筑风格及公共空间的导向控制，并且符合风貌研究的内在逻辑和形式分析的需求，这是特色风貌持续发展与塑造的关键路径。通过对风貌片区的明确划分能够科学地总结并指导东莞各区域的风貌特征，突出城乡各片区风貌的共性与个性、差异与联系，从而塑造出各美其美的东莞城乡特色风貌。

4.2.1　埔田淳风类风貌

埔田淳风乡村风貌片区位于东莞东北部、中部等区域，包括茶山、石排、横沥、企石、桥头、东坑、常平、东城、南城、寮步、大朗、大岭山12个镇区。此片区地势起伏平缓，分布着大量的块状水田、农田，呈现出冲积平原的地理环境特点。传统乡村建筑环境格局依托东江边缘所形成的平原，呈现出河地交织、阡陌交通的空间结构。片区内建筑主要受广府文化影响，建筑群体肌理规整有序，建筑单体形态古朴中正，空间也较开敞，充分体现着广府建筑的风貌特色（图4-2-3）。

埔田淳风乡村风貌片区以田园景观、古乡古韵为风貌形象，重点整合田园环境、街巷肌理和建筑的空间整体结构，以塑造整齐有序的广府风貌建筑为关键。建筑群应沿袭该片区传统乡土建筑选址格局和空间布局特征，与该区域低缓的丘陵和散乱的水道相结合，以块状组团式布局为主，突出整齐划一和集中有序的风貌特征。建筑单体应从传统广府建筑中挖掘其风貌特色内涵，加以创新转化至现代乡村建筑的风貌塑造中，营造整体协调、具有广府特色的乡村风貌。

图 4-2-3　埔田淳风风貌片区村庄图示
（图片来源：课题组　摄）

4.2.2　水乡情韵类风貌

　　水乡情韵乡村风貌片区位于东莞西北部，包括麻涌、万江、望牛墩、中堂、高埗、石碣、石龙、道滘、洪梅、莞城 10 个镇区。该片区内被珠江的主要干流之一东江流经并孕育了众多的河道水系，呈现水网纵横的地理环境特点。传统乡村建筑环境格局依托发达水系，呈现出环水而居、依水而建的空间结构。片区内建筑同样受广府文化影响，建筑群体在传统规整的广府肌理基础上因水而变，建筑单体与水相谐，孕育了该地区特有的凉棚等水乡建筑类型，建筑单体空间更为开敞，充分表露着广府水乡的乡村风貌特色（图 4-2-4）。

图 4-2-4　水乡情韵风貌片区村庄图示
（图片来源：课题组　摄）

水乡情韵乡村风貌片区以河网水系、水田交错、水乡人家为风貌形象，应重点强化水网与建筑的空间整体营建，以塑造岭南水乡人文风情和灵动秀美的水乡建筑为关键。建筑群应依水而建，以分散式、自由式的空间布局为主，形成大小建筑组群相间分布、疏密有致的空间结构。建筑单体应从传统广府建筑中汲取风貌内涵，加以创新转译至现代乡村建筑的风貌塑造中，营造新旧协调、具有水乡特色的乡村风貌。

4.2.3 山林野趣类风貌

山林野趣乡村风貌片区位于东莞东南部及中部，包括谢岗、清溪、黄江、樟木头、塘厦、凤岗 6 个镇区。此片区地势最高，地形变化丰富，有着山地、丘陵等多种类型，呈现山林绵延的地理环境特点。传统乡村建筑环境格局依托复杂的山形水势，呈现枕山面屏、依山而居的空间结构。片区内建筑主要为客家建筑类型，表现为客家文化吸收广府文化的兼容并蓄的风貌特征。建筑群体随多样化的地形呈现组团状型、带状型、自由型等多种肌理类型。建筑单体同样因多文化的交融而类型多样，祠堂、教堂、碉楼、书室、古民居等建筑广泛分布于此，象征着独具特色的客家乡村风貌（图 4-2-5）。

图 4-2-5 山林野趣风貌片区村庄图示
（图片来源：课题组 摄）

山林野趣乡村风貌片区以显山透绿、山野风光、客家闲居为风貌形象，重点彰显自然生态的山体和建筑的整体空间营建，以塑造客家风情和山野人家的山地建筑为关键。建筑群应依山而建，沿袭该区域传统乡土建筑枕山面屏的环境格局和线性布局的空间结构，与连续、起伏的山体轮廓相协调，强化水塘—建筑—山体相统一的空间结构。重点识别和保护利用传统客家山地建筑，激活其传统建筑在当下的活化利用。新建建筑单体应传承传统客家乡村风貌特征，塑造体现客家文化的建筑单体形象。

4.2.4 滨海嘹歌类风貌

滨海嘹歌乡村风貌片区位于东莞西南部，包括沙田、厚街、虎门、长安 4 个镇区。该片区濒临珠江，地势东北高、西南低，呈现山海相间的地理环境特点。传统乡村建筑环境格局依托优越的山水资源呈现枕山面海的空间结构。片区内传统乡村建筑资源相对其他片区较少，建筑文化主要以疍家文化、广府文化为主。传统乡村建筑单体以点状分布在各个乡村内部，片区整体以现代乡村风貌为主（图4-2-6）。

滨海嘹歌乡村风貌片区以依山面海、海岸风情、宜居家园为风貌形象，重点突出背山面海、错落有致的整体空间结构，以塑造滨海人文风情和飘逸明快的滨海建筑为关键。建筑群应背山面水，沿袭传统滨海建筑依山体或海岸线而有序排布的模式，以形成海域—建筑—山体的空间结构，建筑朝向应以面海为主。建筑单体应以现代风貌为主，同时鼓励局部采用传统乡村风貌元素，塑造古今相宜的现代滨海风情乡村风貌形象。

图 4-2-6　滨海嘹歌风貌片区村庄图示
（图片来源：课题组　摄）

4.2.5　都市闲隐类风貌

都市闲隐片区多分布在城乡发展转型区，受城镇化进程影响较大，自然风貌一般，环境特色不明显，传统建筑数量少。该风貌片区着重强调与周边城市环境的协调融合，通过对片区内各建筑类型的立面、屋顶、村落公共空间及景观的风貌塑造，提高乡村人居环境品质，打造成为充满活力、邻里氛围浓郁、兼有服务都市人群休闲功能的乡村（图4-2-7）。

图 4-2-7　都市闲隐风貌片区村庄图示
（图片来源：课题组　摄）

4.3　东莞城乡风貌导控要素提取

　　城乡承载了人类的活动，在这一漫长的过程当中，形成了当地的城乡景观风貌，这是它区别于不同地域的特征。城乡景观风貌多半是自发或半自发形成的，受所处地域影响较大，不同的地域、环境必然产生不同的乡土文化，不同的村庄也具有不同的风俗习惯，城乡景观风貌的最终呈现形态会随地域自然地理特点、人文特点的不同而有所差异。乡村以其内在联结的元素而成为一个有机整体，一般涵盖着农业生产、生态环境和居民生活，三者紧密相连，相互交融。乡村的景观是由各种小尺度的空间场景构成，逐级组合成整体景观。如何改变传统的村庄布局或美化乡村的单一规划模式，通过全方位、全要素的资源整合，大城市周边乡村地区的空间优化与重构显得尤为重要。根据现有的研究成果，乡村景观管控要素的分类主要集中在"田、林、水、路、聚落（住宅）"等基础设施上，但大多局限于局部统一，未对全域、全要素的乡村风貌景观实现整体呈现。因此，本文针对乡村地区，以文化地域性格和文化结构层次理论为工具，对东莞乡村风貌价值与特征进行深入挖掘与科学阐释，进而科学地归纳总结东莞城乡风貌特色，在东莞城乡风貌塑造中有机融合物质文化与非物质文化，有效保护与传承东莞乡村地域文化特色，为城乡融合发展提供有力保障（图4-3-1）。

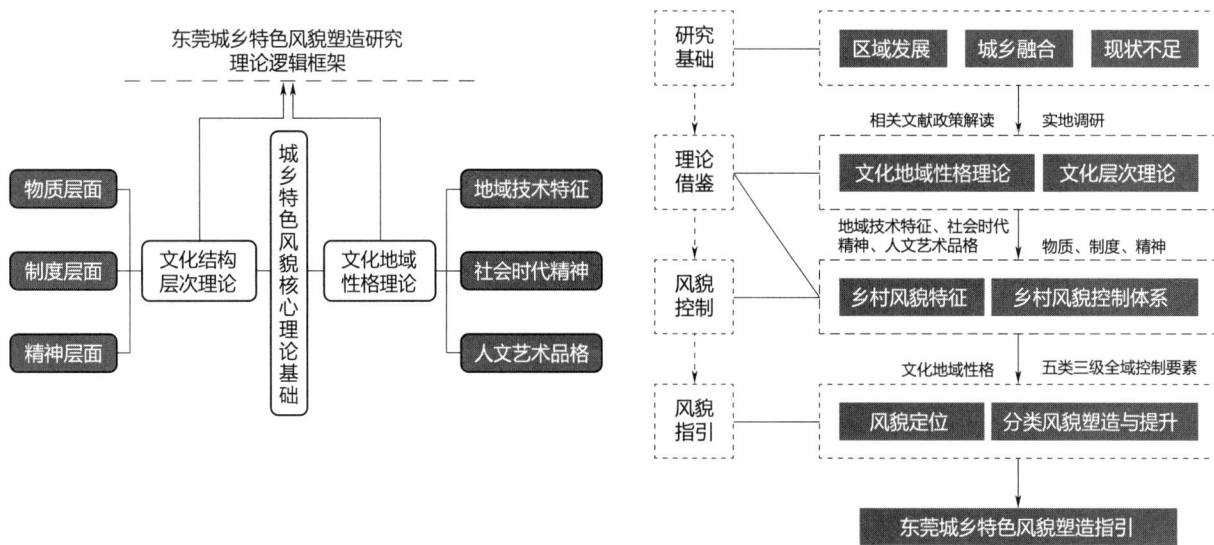

图 4-3-1　研究框架图
（图片来源：白颖　绘）

　　如何全面、准确、有效地分析归纳、总结并提取出乡村风貌要素的因子，这需要对"风貌"一词有着深刻的认知和理解。"风貌"在《现代汉语词典》中定义为：风格和面貌、风采相貌、景象。王建国院士曾指出："城市风貌特色主要是指一座城市在其发展过程中由历史积淀、自然条件、空间形态、文化活动和社区生活等共同构成的，在人的感知层面上区别于其他城市的形态表征"。[①] 俞孔坚教授也曾说，有形的"貌"与无形的"风"，两者相辅相成，有机结合形成特有的文化内涵和精神取向的城市风貌是"风"的载体。可见，风貌是一个综合性的概念，它将社会文化、精神面貌等的"风"与物质空

---

① 王建国. "大同小异"与"和而不同"[J]. 住宅与房地产, 2020（35）: 29.

间、环境设施等的"貌"相结合，这两者相互依存、相辅相成，共同构成一个内外一致的整体，涵盖了物质、制度和精神三个层面。乡村风貌要素包括但不限于村庄的生产和生活方式、地方习俗以及建筑景观等，这些要素既有物质的也有非物质的，它们相互补充，共同构成乡村风貌要素系统。每一大类要素又可以再分为次一级的要素，多种要素互为补充，共同构成了乡村风貌要素系统。

乡村风貌是乡村外在形态与内在精神的综合表征，体现着当地的乡村物质文明和精神面貌，反映着当地的乡村历史和文化，是地域性、社会性、人文性的综合反映。以往对于乡村风貌的要素构成重在对"风"和"貌"构成的分别具体化，将其阐释为"显性形态风貌构成要素"和"隐形形态风貌构成要素"或"物质形态风貌要素"和"非物质形态风貌要素"。这启示着我们在理解风貌的具体要素构成时，应注重提取乡村风貌背后所反映着的时代记忆、地域风情等风俗人情。

文化地域性格理论包含了地域技术特征、社会时代精神、人文艺术品格三个主要层面的内容，其是在对于"岭南建筑"含义的讨论中被提出的，指出岭南建筑应能从以上三个方面体现岭南地域文化内涵，高度概括了建筑的审美属性、审美特征。其已被广泛应用在对城乡建筑、景观园林等审美客体的规划选址、材料营建、细部装饰等风貌要素特色文化研究中。相应的，东莞乡村风貌也应该是能够体现东莞地域特色和美学特征的风貌，基于文化地域性格理论提取风貌要素，能够更加全面、系统、深入地揭示风貌要素多元、多重的构成体系，搭建风貌要素与风貌特征的关联性、统一性（表 4-3-1）。

基于文化地域相关的东莞传统建筑风貌价值要素分析[①]　　表 4-3-1

文化地域性格理论层次	价值类型	价值特征	具体要素组成
地域技术特征	历史生态科学	对气候的适应	选址、功能布局、平面形制
		对地理环境的适应	村落格局、建筑材料
		营建技艺务实创新	梁柱结构：瓜柱承檩梁架、驼峰斗拱梁架、博古梁架、混合型梁架； 装饰工艺：木雕、砖雕、石雕、灰塑； 墙体砌筑：金包银、夯土墙
社会时代精神	记忆社会文化	对复杂多变的社会背景的回应	宗教祭祀建筑：宗祠数量多，祠庙类型；土客杂居
		体现了农商合一的经济结构	建筑的居住、商业、仓储等多功能合一；宗祠规模宏大
		表征多元共存的文化基因	广府传统民居、三间两廊、客家排屋
人文艺术品格	审美艺术情感	中正淳和的审美理想	选址：建筑与周边环境的关系；建筑庭院
		精细实用的艺术追求	梁枋、封檐板、山墙等部分的精雕细琢，装饰题材，诗词楹联、题名题对
		乡村精神情感纽带	发生在传统建筑中的生活方式、民俗礼仪、信仰祭祀等活动

---

① 唐孝祥，白颖，袁月. 基于多元价值认知的东莞乡村建筑风貌塑造探讨 [J]. 小城镇建设，2022，40（8）：73-80+100.

4.3.1　地域技术特征层面风貌要素

乡村风貌的空间呈现总是与其地理环境、自然气候等高度契合，形成独具地域特征的风貌形象。下面主要对乡村的环境格局、空间布局、平面形制、材料选用及营建等风貌要素内涵进行解读。

村落在进行选址营建时，总是会考虑其周边山形水势等自然环境要素，以争取能够充分利用环境要素，完成对周边环境资源的谋划布局。在此过程中，村落与环境的空间关系、视线关系等得到整体协调，形成了依托地域环境而外显的、可感知的环境格局。东莞山、水、田、海兼备的丰富地形条件为村落的选址布局提供了多样的环境基底，塑造了不同村落环境的风貌格局，凝聚了其独特的乡土气息。地势平坦时则希望选址能够接近水源，以便从事生产生活活动；河网密布时则希望选址能够在地势较高处，同时注重对村落"水口"的规划，位置一般选在"水来之处开敞，水去之处封闭"的地方，以此保护好水源；山水兼备时则希望选址能够"背山、面水、向阳"，以利用环境塑造抵御寒风，同时引风纳气的、适宜的外部生态环境。在确定区位选址后，村落一般因顺应不同地形而形成不同的空间布局，濒临河涌则顺应水流走向形成带状布局；建于丘陵则结合不同等高线层层跌落；建于平原则更加规整有序，形成稳定的块状空间布局。乡村建筑的平面形制受地域环境的影响，东莞所在的岭南地区传统建筑常以三间两廊式平面布局以适应岭南"湿热风"的气候条件。建筑材料及其营建技艺同样体现着地域风貌特征，是乡村风貌要素的重要组成部分。传统时期的乡村建筑营建多是"就地取材"，东莞传统乡村建筑因地制宜，采用东莞盛产的红砂岩、青砖等材料，并在建筑不同部位运用不同材料以充分发挥地域材料的最优性能，这其中蕴含的建筑营建智慧是乡村风貌特征的高度凝练，亟待对其进行充分解读并传承应用于当地乡村风貌的塑造中（图 4-3-2）。

图 4-3-2　地域技术特征层面风貌要素图示
（图片来源：课题组 绘）

4.3.2 社会时代精神层面风貌要素

村落的空间形态总是通过街巷、建筑群等整体综合呈现。街巷肌理、建筑组团肌理等共同构成了乡村风貌的社会时代精神层面的风貌要素。这些风貌要素记载着不同时期下社会背景、经济制度等影响形成的村落风貌。乡村中同一块场地常常积淀了不同时期的建设肌理，既延续着传统乡村聚落的历史形态，又记录着其他历史阶段的拆建、加建、新建等建设情况，是展现各历史时期内东莞社会经济变化的重要物质风貌形态（图 4-3-3）。

图 4-3-3　社会时代精神层面风貌要素图示
（图片来源：课题组 绘）

街巷肌理是人们生活交流的空间要素，包括广场等公共空间类型，街巷肌理和建筑肌理共同构成了乡村空间肌理风貌。从村落空间布局层面来看，街巷肌理是村落肌理的底图；从村落关系层面看，街巷肌理背后蕴含着乡村建筑功能类型等要素的整合。从新旧街巷肌理与乡村建筑围合的空间对比中亦可感受到古今村落风貌的空间尺度变化，因此其承载着深厚的社会时代信息。乡村建筑单体相对的功能单一性决定了其必须依靠多个单体进行组织，从而形成功能复合、空间聚集的建筑组群，并且建筑常以组群的方式表达着对地域周边自然环境的适应，容纳着组团内部建筑单体之间的风貌多样性。建筑群体风貌是在长时间的历史演变中逐渐沉淀的，因此研究乡村风貌务必先研究清楚乡村建筑组群的风貌。

4.3.3 人文艺术品格层面风貌要素

民俗活动、乡村建筑的造型、装饰、色彩、公共空间等共同构成了东莞乡村风貌的人文风貌要素。

这些风貌要素承载着人们的审美思想，反映着不同时期人们审美态度的转变。如民俗活动和村落空间的交相辉映反映着人们真实的世俗享乐审美情感和背后的文化底蕴；建筑立面的屋顶造型能够反映建筑营建时所追求的雅俗皆宜的艺术文化；村中公共建筑的楹联题对能够反映人们所寄托的追求耕读传家、崇文重教等价值取向；村落不同空间中的色彩作为一种文化符号，具有文化功能，不同的色彩应用能够体现不同地区的民族信仰、性格特点。这些人文风貌要素对于研究东莞乡村的文化内涵、地域特征、历史演变具有重要价值（表4-3-2）。

人文艺术品格层面要素示例　　　　　　　　　　　　表 4-3-2

屋顶造型	楹联题对	色彩应用	民俗活动

（来源：课题组摄）

东莞丰富的民俗文化等非物质文化遗产与建筑的关系密不可分，一同构成了东莞雅俗共赏的乡村风貌特色（表4-3-2）。传统建筑是乡村社会经济、民风习俗的物质载体，祠堂、民居、庙宇等建筑空间承载着人们生活生产的共同记忆，是联系古今、传统与现代的重要情感纽带。建筑空间是东莞民俗的重要物质载体，民俗在与乡村建筑的互动中展现着独特的地域文化特征。东莞非遗民俗与村落空间关系密切且广泛，祠堂、街巷广场、民居等空间都是其进行活动和展示的场所（表4-3-3）。

东莞乡村民俗活动与村落空间　　　　　　　　　　　表 4-3-3

民俗活动	分布	等级	活动内容	建筑场所
康王宝诞	塘尾村	广东省非物质文化遗产	对康王像进行解秽等程序，之后于村内游行	梅菴公祠、村巷
乞巧节	望牛墩镇内乡村	广东省非物质文化遗产	在祠堂摆设贡案，陈列亲自制作的贡品	祠堂
茶山公仔展	茶山镇内乡村	东莞市非物质文化遗产	在特定的建筑场所宴请亲友	民居、家庙、祠堂
咸水歌	沙田镇等	广东省非物质文化遗产	以疍家歌吟唱表达生活劳动、思想情感	疍家渔船
麒麟舞	全域乡村	国家级非物质文化遗产	麒麟队伍游走在村内街巷及建筑	晒场、街巷空地

（来源：课题组摄）

东莞祠堂建筑作为村落极其重要的公共建筑，承担着丰富的祭祀礼仪、编撰族谱、处理族内和对外事务、主持生死婚娶等人文活动，是承载民俗文化的重要建筑类型。其数量之多，明代东莞的贤祠就已多达上百个[①]。人们每年定期在宗祠内举行各类祭祀仪式、庆典等民俗活动。如元宵节时，祠堂内挂灯以供族人观赏，寮步镇横坑钟氏祠堂的《重修钟氏祠堂碑记》所记载"孟春正月，则购鳌山灯

---

① 叶觉迈，修；陈伯陶，等纂修.《东莞县志》，卷十五，舆地略十四，物产下[M].民国十六年铅印本.

景，以栏杆护之，男女游赏不绝"则是祠堂元宵节挂灯观赏的情景。传统街巷空间、空地广场亦是民俗活动进行的重要空间，承载着康王宝诞、麒麟舞等动态游走形式的民俗活动。麒麟舞是东莞喜闻乐见的传统民俗，广泛分布在东莞山林片区、埔田片区等乡村地区，其中以山林片区乡村最为普遍。平时人们在家族祠堂中进行闭门练习，在春节、元宵等重要喜庆节日时，人们便舞动着麒麟在村内游走，挨家挨户参门，希望给人们避灾降福，带来好运。康王宝诞是石排镇塘尾村为纪念北宋抗辽名将康王（名康保裔）的诞辰而举行的纪念、祈祷等民俗活动。康王出巡活动十分典型，先从康帅府神楼请出康王，之后在梅菴公祠举行出巡前的祭祀，之后巡游大队围绕古村一圈，从西门而出，到村外进行巡游。

4.3.4　东莞乡村风貌要素分级

乡村风貌是地域自然基底与人文背景相互作用的结果，通过空间和环境形态的外在表达，展现出具体的景观特征和文化内涵。东莞的乡村风貌展示了从微观到宏观的多层次元素，不同层次的乡村风貌要素贯穿于不同风貌层次，不同层次的风貌要素互相影响、相互包含，共同构成了丰富的文化景观。深入挖掘东莞城乡地域文化特色，对影响地域特色城乡风貌的全域元素进行逐级细化分解，立足于传承城乡历史文化与塑造现代风貌相结合的原则，针对东莞城乡的不同自然生态景观（田园、水域等）、人文景观资源（传统、现代人文空间等），乡村建筑（民宅、公共建筑等）、公共环境以及标识系统，提出分阶段分步骤营造城乡特色风貌的具体化策略与导控，保证对于风貌的引导控制普遍适用于市域范围内的各类乡村，避免乡村风貌趋同，循序渐进地指引塑造东莞城乡特色风貌。

（1）一级要素：以宏观视角切入，城乡风貌主要体现在自然生态景观、人文景观资源、乡村建筑、公共环境、标识系统五个方面，由此构成的一级要素涵盖了各类型的村庄风貌所需提升目标。

（2）二级要素：以中观视角切入，将一级要素进一步细化，结合东莞自然地理特征可将自然生态环境分为田园、水域、山林风貌；结合东莞现有文化资源，可将人文景观资源分为传统文化空间、现代文化空间、非物质文化遗产；乡村建筑可细分为民居、公共建筑、生产建筑；公共环境分为四小园、文体活动场所、道路；标识系统综合不同使用功能体现在村入口、宣传栏、指示标志。

（3）三级要素：以微观视角切入，将二级要素进一步细化，进一步提炼出风貌控制具体细分的物质、空间载体，控制要素明确化、可操作化。

通过五类（村庄风貌）三级（要素等级）联控的风貌控制思路，形成相互关联、互为补充、层层递进的完善的风貌控制体系。

4.4　东莞城乡特色风貌导控体系

结合上文的东莞城乡风貌的五类片区三级全域要素分级，从多个方面进行考量，以确保兼顾当地特色与村民需求，并符合政府精细化管理的要求。首先，应深入挖掘当地特色符号、历史文化和元素，并结合政府管理要求，制定适宜的规划管控措施。其次，对东莞乡村不同类型的城乡风貌进行细致调研，以突出村庄特色风貌为前提，强化当地建筑及公共空间，尽可能还原乡村原始风貌。同时需与周边环境衔接，统筹片区发展，实现村落互联互通，促进差异化发展。最后，对每一类要素提出具体的提升管控要求与引导标准，形成一套完善的管控准则促进规划实施。

4.4.1　东莞特色风貌塑造原则与要求

首先，在城乡风貌塑造中应遵循促进粤港澳区域深度合作、城乡共享发展原则；其次，秉持传承城乡历史文化与塑造现代风貌相融合的原则；最后，应注重城市文化特色建设和乡村生活品质提升并举的原则。基于系统认知东莞传统村落和建筑的价值，本书引入文化地域性格理论，从地域技术特征、社会时代精神、人文艺术品格三个层面，对东莞城乡风貌塑造提出以下原则：

1. 整体合一　延续文脉

由于自然地理、人文环境和乡土文化等多种因素的影响，不同地区形成了具有鲜明地域特色的本土化村落形态。在城乡风貌的营造过程中，顺应自然条件，与环境实现和谐共生，打造宜居美丽的环境。同时，这一过程还需适应自然资源与地域肌理，继承和延续当地的特色。依托乡村自然生态格局，本书将山水林田等自然生态资源与乡村建筑等全域要素进行整合，全面塑造乡村聚落空间风貌，实现整体合一。尊重历史传承，延续文化脉络，突出乡村整体结构。在规划和发展过程中，采用"连带（片区）发展"的策略，通过聚焦点扩展到面，紧密连接各个乡村，实现优势互补，并发挥乡村之间的协同效应。

2. 因地制宜　分类指导

依据主体功能区域划分和村庄的不同类型，实施分类指导策略，对东莞乡村进行精细化分区和分类型管理，以引导城乡风貌的整治与提升。根据各个村庄的自然资源、经济发展水平、文化特色等因素，对村庄进行详细的功能区域分类。制定有针对性的城乡风貌整治策略。重视保护传统建筑和乡土文化，同时适度进行现代化改造，确保历史与现代的和谐共存。注重提升居民的生活品质，改善公共服务设施，强化生态环境保护。强化区域间的协同与互补，通过整合资源、共享优势，推动各村庄在保持自身特色的同时，实现整体协调发展。

3. 岭南特色　凸显乡情

乡村风貌的塑造应紧密融入本地文化脉络，通过合理继承和发展地方特有的城乡结构，不仅能够唤起人们的乡愁情感，还能保护和强化历史文化的特色，确保乡村风貌深刻体现该地区独特的人文氛围，彰显文化韵味。在历史的长河和多元文化的交融中，乡村风貌展现出其在时间和空间上的文化多样性。通过精细化塑造城乡风貌特色，可有效展示其丰富的文化内涵。此外，强调东莞本土乡村的物质文化与精神文化属性，深入探索广府、客家、疍家等文化特色，有助于进一步丰富和深化乡村风貌的实践价值。

4. 融合现代元素的特色发展

在技术进步与时代变迁的背景下，人们对功能空间、建筑材料以及施工技术的需求逐步演变。为此，乡村风貌的构建应顺应时代潮流，以满足现代社会的需求。这一过程中，应借鉴国际先进的技术与设计理念，运用新型材料、结构、设备及建筑技术，以彰显现代乡村的独特风貌。此外，应明确乡村的特色定位，推动乡村人居环境的可持续健康发展，确保乡村振兴战略的顺利实施。

5. 村民为主　多方参与

坚持以人为本，传承优秀的乡风民俗，激发村民的主人翁意识，发挥村民的主体性参与，鼓励发动村民与社会各方人士携手并进，积极参与到乡村风貌提升塑造的过程中。

城乡风貌融合作为城乡融合发展的重要组成部分，直接反映了城乡融合在视觉感知上的呈现。在这一过程中，需要统筹兼顾城乡环境的物质、制度、精神等多层面要素，充分发挥地域文化资源的禀赋。同时，需要具备深谋远虑的能力，协调好当下与未来、保护与发展之间的关系。因此，应结合理论研究与实践改革，考虑方案的经济效益与可实施性，根据具体情况作出调整。此外，应本着以人为本的原则，全面提升物质环境和精神生活质量，以满足村民身心健康的全面发展需求。

针对东莞城乡空间的不同类型，如埔田型、山地型、水乡型、滨海型、都市型，应根据当地地形地貌特征和自然资源，开展风貌修复与提升工作，塑造具有独特特色的城乡风貌（图 4-4-1）。对于东莞城乡风貌塑造，需要从以下五个层面提出要求：

图 4-4-1　东莞城乡风貌五类控制要素示例
（图片来源：白颖 绘）

1. 自然生态景观引导总体要求

对田园肌理、田园景观等田园风貌，河流、驳岸、湿地、滩涂等水域风貌以及山坡林地等山林风貌进行针对性的梳理，塑造彰显岭南地域特征的自然景观风貌。

2. 人文景观资源引导总体要求

提炼乡村聚落文化内涵，突出东莞地域文化特征，通过对乡村传统文化空间、现代文化空间及非物质文化遗产传承空间的价值特征认知，系统塑造传统与现代相结合的人文景观，使人文景观成为承载乡愁的重要载体。

3. 乡村建筑引导总体要求

对于民居建筑，一方面，要展开三清理、三拆除、三整治工作，规范农宅建筑的建设管理体系，消除农宅建筑及其周边环境的安全隐患；另一方面，要深入挖掘地域建筑的文化地域性格，注重村落格局与自然环境的融合，建筑单体既要传承传统民居特色元素，也要注意结合新时代农村建筑功能需求。对于公共建筑，要重点保护和修复历史建筑，注入现代使用功能需求，在使用中重点保护，在保护中合理使用。对于生产建筑，要注意和周边农宅及自然环境风貌的搭配，鼓励使用新技术、新工艺和生态环保材料，促进生产建筑功能整合并与环境相协调。

4. 公共环境引导总体要求

重点整治"四小园"、文体活动场所、道路环境及公共厕所、垃圾收集点等卫生设施，提升乡村公共场所形象与品质，建设成为美丽宜居的乡村公共环境。

5. 标识系统引导总体要求

充分利用标识的信息传递，发挥指示导览作用，运用乡村地域文化元素，建立完善村入口、宣传栏、指示标志等标识系统，促进标识系统形式体现乡村特色、功能灵活实用的特征。

4.4.2 五类三级特色风貌导控体系

针对当前东莞城乡风貌建设中存在的问题，从影响城乡风貌的自然生态景观、人文景观资源、乡村建筑、公共环境、标识系统五个方面，对当前东莞城乡风貌的环境特色、人文空间、建筑风貌、环境设施等方面进行归纳总结与要素提取（图4-4-2）。自然生态景观主要包括田园风貌、水域风貌、山林风貌等；人文景观资源包含传统文化空间、现代文化空间、非物质文化遗产；乡村建筑主要涵盖乡村地区的农宅建筑、公共建筑、生产建筑；公共环境主要指村庄内的"四小园"、文体活动场所、道路环境；标识系统包含村入口、宣传栏、指示标志等标识。

1. 自然生态景观导控及说明

城乡生态景观风貌的塑造注重生态性，即追求城市及城乡发展与自然的和谐共存。科学客观地评估城乡的自然环境，深入理解并尊重当地城乡的独特属性，因地制宜地推动与自然环境相协调的土地利用方式。例如，将城乡田园、农业用地、果园等元素融合到城乡生态景观风貌的构建中，不仅增强了景观的丰富性和多样性，也促进了与各种要素的协调。通过城乡发展与自然环境的紧密整合，促进城乡环境生态的良性循环，构建更具有吸引力的城乡自然生态景观风貌。

在全球化背景下，城市建设日趋同质化，因此乡土性特征受到广泛关注。城乡景观风貌的乡土性主要体现在以下几个方面：首先，强调城乡地域的自然环境特征，包括地形地貌、水文情况及动植物种类，以展现其独有的特色（图4-4-3）；其次，尊重城乡的整体布局和肌理，使建筑的体形、空间、布局、形式和色彩与周边地域风格和景观环境相协调，共同形成生态和谐的城乡景观；最后，强调以城乡地域文化为背景的多元文化共生，尊重当地的历史文化、宗教信仰及风土人情。注重满足城乡居民的实

图 4-4-2　东莞城乡五类三级风貌导控体系示意
（图片来源：白颖 绘）

际需求，本着以人为本的原则，保持城乡发展的连续性和活力。在延续城乡地域内的建筑和景观元素时，有选择性地、适宜性地将其融入城乡景观风貌的建设，使之更具乡土性。鼓励使用本地材料，并与新型材料结合，既保持可持续性发展，又突出地方乡土性特色。自然生态景观通常包括田园、水域和山林等元素。

田园风貌：指村庄内的田野、田地、田圃，也泛指风光自然的乡村。

水域风貌：包括河涌、池塘、驳岸等。

河涌：指流经村庄的小溪流、小河道。在珠江三角洲地区，河涌指河汊、湖汊，河流的支汊、溪水或河水的分支、岔流等。

池塘：指村庄内及村庄周边的人工的或自然形成的较小的水体，承载着蓄水、调节局部微气候等功能。

驳岸：指沿河地面以下，保护河岸（阻止河岸崩塌或冲刷）的构筑物。

山林风貌：植被覆盖地表的植物群落的总称。

图4-4-3 东莞自然生态景观风貌要素示例
（图片来源：课题组 摄）

2. 人文景观资源导控及说明

东莞乡村地区拥有丰富的人文景观资源，包括国家级和省级历史文化名村、传统村落等。这些地区保存着丰富的历史文化建筑，如明清时期的古建筑群，同时也保留了多样的非物质文化遗产，如生活方式、民俗礼仪等。在保护建（构）筑物实体、非物质文化遗产的基础上，加强对建筑、空间所承载的反映乡村人文景观资源的公共活动的保护，将人文景观资源作为反映乡村美好记忆的呈现，塑造独具地域文化的场所精神。乡村人文景观资源营造应延续传统空间肌理，反映传统文化内涵，融合时代特征，表达地域民俗风情。在保护人文景观资源空间的同时，可适当增加现代设施，提升空间的舒适性，渲染积极向上的氛围。

人文景观资源总体要求：优先保护非物质文化遗产空间，保护传统文化空间，注重塑造现代文化空间（图4-4-4）。

1）传统文化空间：指村庄内承载传统生活方式中公共活动的空间载体，主要分布在祠堂前、水塘边、古树下、水井边等场所，具有一定的场所内涵。

祠堂前

古树下

水塘边

礼堂空间

党史教育学习空间

村史陈列馆空间

邓氏秋祭民俗活动空间

黄大仙诞民俗活动空间

疍家文化展示馆空间

图 4-4-4　人文景观资源要素示例
（图片来源：课题组　摄）

2）现代文化空间：指村庄内承载现代生活方式中公共活动的空间载体，如村史馆、村落展厅、礼堂、会堂等场所。

3）非物质文化遗产：指村庄内承载着非物质文化的活动场所，如村史馆、村展览馆、传统节日节庆活动场所。

3. 建筑风貌塑造导控及说明

建筑风貌控制需循序渐进，分类施行。对于列入文物保护单位和历史建筑名录的建筑，按照《中华人民共和国文物保护法》《广东省文物建筑合理利用指引》等相关文件要求进行专项保护和修复；对存在安全隐患的危房等建筑应及时评定，进行拆除；对于一般风貌的建筑应及时进行微改造或微更新，保持建筑整洁有序。新建建筑应注意突出地域特色，同时鼓励使用新技术、新生态材料等。根据乡村建筑的使用性质，可分为农宅、公共建筑、生产建筑三种（图 4-4-5）。

民居建筑：指村庄内存在的各个时期居住农宅。

公共建筑：指村庄内承载公共活动的建筑，包括村委会等办公建筑、幼儿园等教育建筑、农贸市场

图 4-4-5　乡村建筑风貌塑造示例
（图片来源：课题组　摄）

等商业建筑等。

生产建筑：指村庄内承载着生产功能的建筑，包括工业生产建筑、厂房及农业生产建筑。

4. 公共环境整治导控及说明

乡村公共环境整治范围较广，应覆盖村域范围内的公共场所，并且应结合当地自然和人文环境，科学合理地布局。对于公共环境的营造，既要保护和延续当地营建技艺，也要注意满足现代人的审美心理、审美功能需求。

根据公共环境的使用分布，可主要分为"四小园"（小花园、小菜园、小果园、小公园）、文体活动场所、道路环境三种（图 4-4-6）。

四小园：指村庄内的小花园、小菜园、小果园、小公园。

文体活动场所：指村庄内承载文体活动的场所，包括健身广场、戏台、舞台等。

道路环境：指村庄内的村道、巷道、步道等道路环境，包括道路铺装、道路绿化、道路照明、道路标识等要素。

图 4-4-6　公共环境整治示例
（图片来源：课题组　摄）

5. 标识系统导控及说明

对于标识体系的总体要求，标识系统应达到在村域全覆盖，发挥标牌、宣传栏等的说明、引导、宣传作用；标识系统应尽量结合当地乡土材料，突出各个片区的片区特色形象；标识系统要主题突出，造型材质可提取广府文化传统元素，如镬耳墙、青砖墙等，反映地域特征。根据标识系统的使用分布，可主要分为村入口标识、宣传栏、指示标志三种（图 4-4-7）。

村入口：指村庄村入口所含标识，如村名石、入口牌坊、建筑小品等。

宣传栏：指村庄内承载宣传推广作用的标识，如厂区宣传栏、社区宣传栏、党建文化宣传栏等（图 4-4-7）。根据宣传栏材质不同又可分为不锈钢宣传栏、型材宣传栏、木质宣传栏。按照宣传栏安装方式的不同还可分为预埋式宣传栏、挂壁式宣传栏。

指示标志：指村庄内起到指引说明功能的信息标志，如道路标识、门牌标识、位置信息标识等。

图 4-4-7　标识系统要素示例
（图片来源：乔忠瑞 摄）

4.4.3　适用范围

根据《东莞市乡村规划建设》对东莞市域村庄分为 3 类，其中城中村型村庄 241 个，约占东莞行政村 44%；半城中村型村庄 243 个，约占东莞行政村 44%；传统农村型村庄 69 个，约占东莞行政村 12%。东莞市先后出台了《东莞市农村环境"五整治"工作方案》《东莞市整治旧村工作实施方案》《东莞市宜居城乡建设工作实施方案》等多项文件，致力于改善乡村环境。

本书东莞城乡特色风貌导控将东莞 2465 平方千米作为一个整体，进行统筹规划、统一建设。本次规划范围为东莞市行政辖区范围内的村域和村庄涉及 32 个镇街，596 个村（社区），其中村委会 350 个，社区委员会 246 个。

东莞城乡特色风貌塑造分类指引

在城乡融合发展的视角下东莞城乡风貌的塑造，秉持可持续发展的自然生态保护理念、突出乡土性的人文景观保育理念、分类施策的建筑塑造理念、全域覆盖的公共环境创设理念、强化地域特色的标识系统引导理念这五大方面的塑造策略，对东莞埔田淳风类、水乡情韵类、山林野趣类、滨海嘹歌类、都市闲隐类五种东莞乡村风貌分类指引，层层递进，凸显出东莞城乡鲜明的地域特色，为城乡高质量融合下的乡村风貌塑造提供了理论依据和实践参考。

5.1 埔田淳风类

埔田淳风片区风貌特征：文化荟萃，历久弥新。

地势起伏平缓，大量块状水田、农田，呈现出冲积平原的地理特点。阡陌交通，田园如画的空间结构，尽显埔田古朴淳和，生态诗意的乡村风貌。村落依塘、邻田、靠果林、近交通的村落空间格局。池塘、建筑、远山及水中建筑的倒影构筑虚实相生的景色，村落与自然环境要素的关系融合紧密，通过村落肌理的延伸，形成与自然环境相协调的村落空间格局。

5.1.1 自然生态景观

1. 田园风貌

1) 农田保护总体要求

优先保护田园景观的原真性、整体性，树立可持续发展的生态理念，加强耕地的循环利用。不得随意破坏田园的地形地貌及使用性质（图 5-1-1、图 5-1-2）。禁止随意围田造房、建厂等活动；禁止随意挖土、砍伐等行为；避免农田闲置、抛荒。

（1）整合现有农田资源，提升田地利用效率；

（2）减少频繁翻耕、不合理施用农药以及使用重型农业装备等行为，避免造成土壤退化，建议使用生物农药、生态肥料改良土壤；

（3）积极发展现代农业新模式。积极开发农业的生产、生活、生态、示范功能，如休闲农业、会展农业、创意农业等。

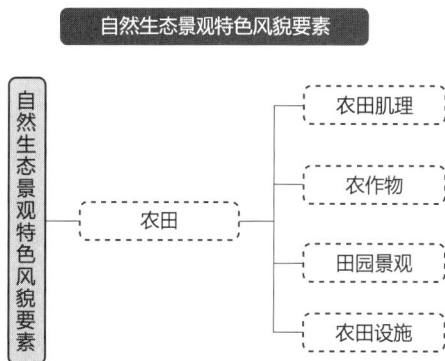

图 5-1-1 自然生态景观特色风貌要素分类图

143

石排镇田寮村

图 5-1-2　自然生态景观特色风貌要素示意图

2）农田空间类型

根据田地使用的差异，可分为生产田和景观田两种（表 5-1-1、图 5-1-3）：

农田空间分类表　　　　　　　　　　　表 5-1-1

农田空间类型	类型简述
生产型田地	生产型田地基本以种植经济农作物为目的
观赏型田地	观赏型田地既具备生产功能，也积极引入观赏、休闲、娱乐等景观活动功能，挖掘田地的社会价值、文化价值等，创新农田使用新模式

生产型田地——石排镇田寮村农业生态园现状　　　观赏型田地——东城周屋创意稻田示范基地

图 5-1-3　农田空间类型图

2. 生产型农田控制指引（图 5-1-4）

（1）生态性

注重农田生态建设和生态保育，避免盲目的生产活动对农田风貌产生破坏。

①延续肌理：保护田园景观的原真性、乡土性，延续原有沙田、果林、鱼塘等原有的田地肌理。

②空间多元：整合梳理现有田地利用情况，对农田斑块、基质进行整治，形成一个多层次、多类型的空间网络。

③环境控制：把握农作物种植类型，控制外来物种栽植的过度延伸。

（2）景观性

在满足农田生态型建设的同时，注意对道路、沟渠、防护林等美观度的建设，进行风貌提升。

①农田板块规划设计：提升生物多样性，遵循农田斑块布置的异质性原则，对田地的农作物种植进行合理规划布置。

②要素拓展：提升农田节点景观性建设，置入垃圾箱、景观小品等节点性设施，满足景观多样性和观赏性。

③完善设施：注重土壤培肥、水利基础设施配套、道路系统等的建设。

桥头镇迳联社区现状

现状较差，应整合梳理。对现有农田斑块、基质进行整治，形成多层次的空间类型。

横沥镇村头村农田斑块

农田板块规划

横沥镇村头村乡村农耕湿地景观

完善农田基础设施

图 5-1-4 生产型农田控制指引图

3.观赏型农田控制指引（图 5-1-5）

①保护为先：对现有农田中具有历史意义的建筑、古树、古桥等进行保护。

②合理开发：在开发农田经济价值的同时，要做到对田地生态环境的最小化干扰。

③地域特色：结合农田景观布局及功能定位，在置入构筑物、小品等元素时，注重因地制宜，提升其景观吸引力。形式上要充分结合现有农田的资源，塑造与其契合的形式类型；在功能上，要充分考虑农田所在地的场所精神，塑造地域文化特色的景观风貌。

寮步镇竹园村田地现状

现状较差，邻近主要交通道路，可将田地转变为观赏类农田景观。

现状较差，可结合周边水塘等景观要素打造观赏类农田景观。

东城周屋村农业景观

东城周屋村农业景观

创意稻田图案景观

穿越稻田的玻璃栈道大地连廊景观

图 5-1-5　观赏型农田控制指引图

5.1.2 人文景观资源

1. 人文景观资源总体要求

优先保护非物质文化遗产空间，保育传统文化空间，注重塑造现代文化空间。

①保护建（构）筑物实体、非物质文化遗产的基础上，加强对建筑、空间所承载的反映乡村文化景观公共活动的保护，将文化景观作为反映乡村美好记忆的呈现，塑造独具地域文化特色的场所精神；

②乡村文化景观营造应延续传统空间肌理，反映传统文化内涵，融合时代特色，表达地域民俗风情；

③在保护文化景观空间的同时，可适当增加现代设施，提升空间的舒适性，渲染积极向上的氛围。

2. 人文景观资源类型

根据文化景观空间的使用情况，可分为传统文化空间、现代人文空间、非物质文化遗产传承空间三种类型（表 5-1-2、图 5-1-6～图 5-1-8）。

人文景观资源类型 表 5-1-2

人文景观资源类型	类型简述
传统文化空间	承载传统公共活动的文化空间
现代人文空间	承载现代公共活动的文化空间
非物质文化遗产传承空间	承载非物质文化遗产传承的文化空间

非物质文化遗产—黄大仙诞—企石镇江边村

传统人文空间—福德祠—寮步镇竹园村

现代人文空间—村史陈列馆—桥头镇迳联社区

图 5-1-6　文化景观空间类型图

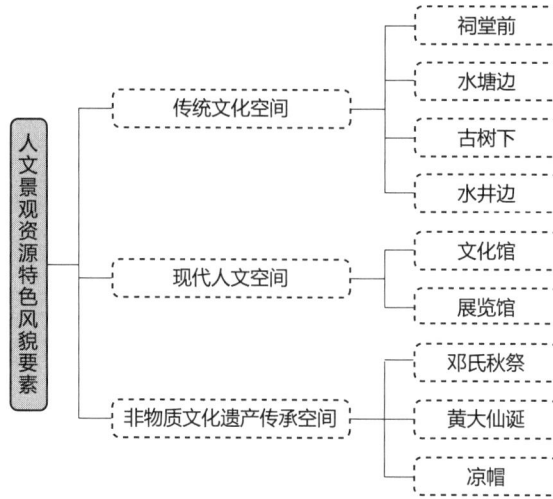

图 5-1-7　人文景观资源特色风貌要素分类图

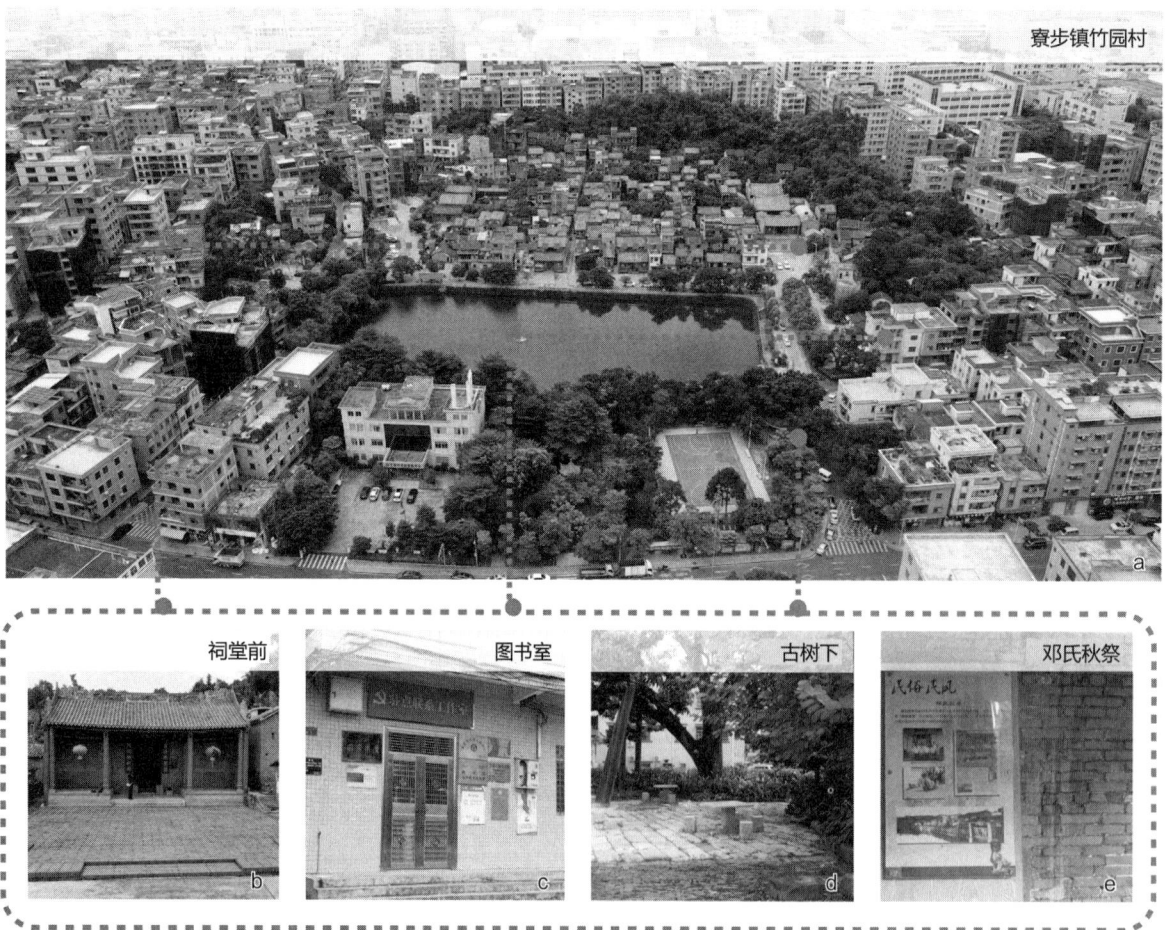

图 5-1-8　人文景观资源特色风貌要素图

1）传统文化空间

传统文化空间包括祠堂前、水塘边、古树下、水井边等所承载的空间。

（1）祠堂前

①保留村落原有肌理，延续宗祠在聚落中的中心位置，保护宗祠前的公共空间。

②保留祠堂前的传统风貌要素，包括旗杆石、功名碑、古树、材质铺装等，对于破坏祠堂前风貌的违规建筑、设施应及时拆除、清理。

③对祠堂前公共空间进行活化利用，在广场边界增加遮阴乔木、休憩座椅等设施，提高宗祠前空间的利用率（图 5-1-9）。

1. 应结合祠堂前广场设置休闲设施；
2. 水泥砂浆地面与传统风貌不融合，应为砖石、卵石等铺地

塑造向心性，突出祠堂对于其前空间的统领作用

寮步镇竹园村

保护传统风貌的功名碑、古树、水塘、农田等周边肌理，保留台阶等通行、游憩空间，门前地面为青石铺地，与传统风貌相协调

桥头镇迳联社区

图 5-1-9 祠堂前空间风貌指引图

（2）水塘边

①宗祠前的池塘、水塘应延续其传统形态，保护其周边的优良景观环境，营造其周边的公共氛围。

②设置栏杆保障人们在水塘边活动时的安全，并且采用厚重、敦实的栏杆造型，不宜采用轻盈、灵动的栏杆造型。周围铺地材料以砖石为主，与传统风貌相协调。

③可围绕水塘设置亲水平台、休憩亭、垃圾箱等设施，丰富滨水体验，并且种植当地适宜的水生植物，提升水塘边景观风貌（图5-1-10）。

构筑物形式生硬，无地域特色　　　　　　水塘边空间单一，无可停留空间

寮步镇竹园村

水塘周围铺地采用砖石材料，构筑物运用传统元素，形式与周边风貌协调；设置滨水空间、灰空间、平台等，丰富空间体验；设置垃圾箱、警示牌等设施

桥头镇迳联社区

桥头镇迳联社区

图5-1-10　水塘边空间风貌指引图

（3）古树下

①注意保护古树，设计树下围护结构时不得伤害古树根系，要保证古树正常生长。

②注意延续古树下承载的传统公共活动记忆，保留原有古椅、石凳等休闲设施。

③可在古树下设置林荫广场，布置座椅、健身设施丰富公共空间，挖掘古树下公共空间的活动类型，塑造多样的文化景观（图5-1-11）。

桥头镇迳联社区

拆除古树周边影响景观风貌的危房等建（构）筑物

对古树的围护进行检查，及时维修或替换损坏的部分

利用树下空间塑造多样的文化景观。

寮步镇竹园村

图 5-1-11　古树下空间风貌指引图

（4）水井边

①保护水井本体，延续原有水井形态，保留其周边材质、铺装等原有风貌。

②在使用的基础上，应注意保持古井周边环境整洁，提升水井高度，或加装围栏等防护设施，以增强水井的安全性。

③在保护的基础上，可在水井上方增设构筑物，提升水井景观性和公共性（图5-1-12）。

寮步镇竹园村

寮步镇竹园村

拆除古树周边影响景观风貌的危房等建（构）筑物

对古树的围护进行检查，及时维修或替换损坏的部分；水井围护结构太低，安全性较差

设置水井保护牌，宣传水井文化，传播保护水井的意识

将水井围护结构抬高，增强水井的安全性

可在水井上方增设构筑物，既增添景观性，又提高安全性

图 5-1-12　水井边空间风貌指引图

2）现代人文空间

现代人文空间包括公社礼堂、村史馆、博物馆等所承载的空间。

①保护其历史风貌，包括空间形态、标语、画像、广场等。

②可对传统建筑进行现代人文空间塑造，打造乡村图书馆、村史馆、展示厅等现代空间。

③在进行塑造现代人文空间时，鼓励结合传统形式，同时运用现代建筑材料、技艺，营造更为舒适的适合当下使用的文化空间（图 5-1-13）。

增建村史文化展览馆、村史文化陈列馆等建筑，承载村史文化的传播与传承功能；新建建筑风貌与周边相协调，采用青砖、坡屋顶、石库门等传统形制

可适当引入现代建筑材料及做法，营造更为舒适的现代文化空间

保护历史建筑原有空间形态

图 5-1-13　现代人文空间风貌指引图

3）非物质文化遗产传承空间

①同时注重有形的和无形的非物质文化遗产，营造良好的文化空间环境，推动保护机制完善。

②依托于物质空间进行静态展示，并结合节庆活动进行动态展示，从而达到保护、传承的目的。

③对于承载非物质文化遗产的建筑空间要及时保护，保存非物质文化遗产的物质表现形式，保护非物质文化遗产的生存环境（图5-1-14）。

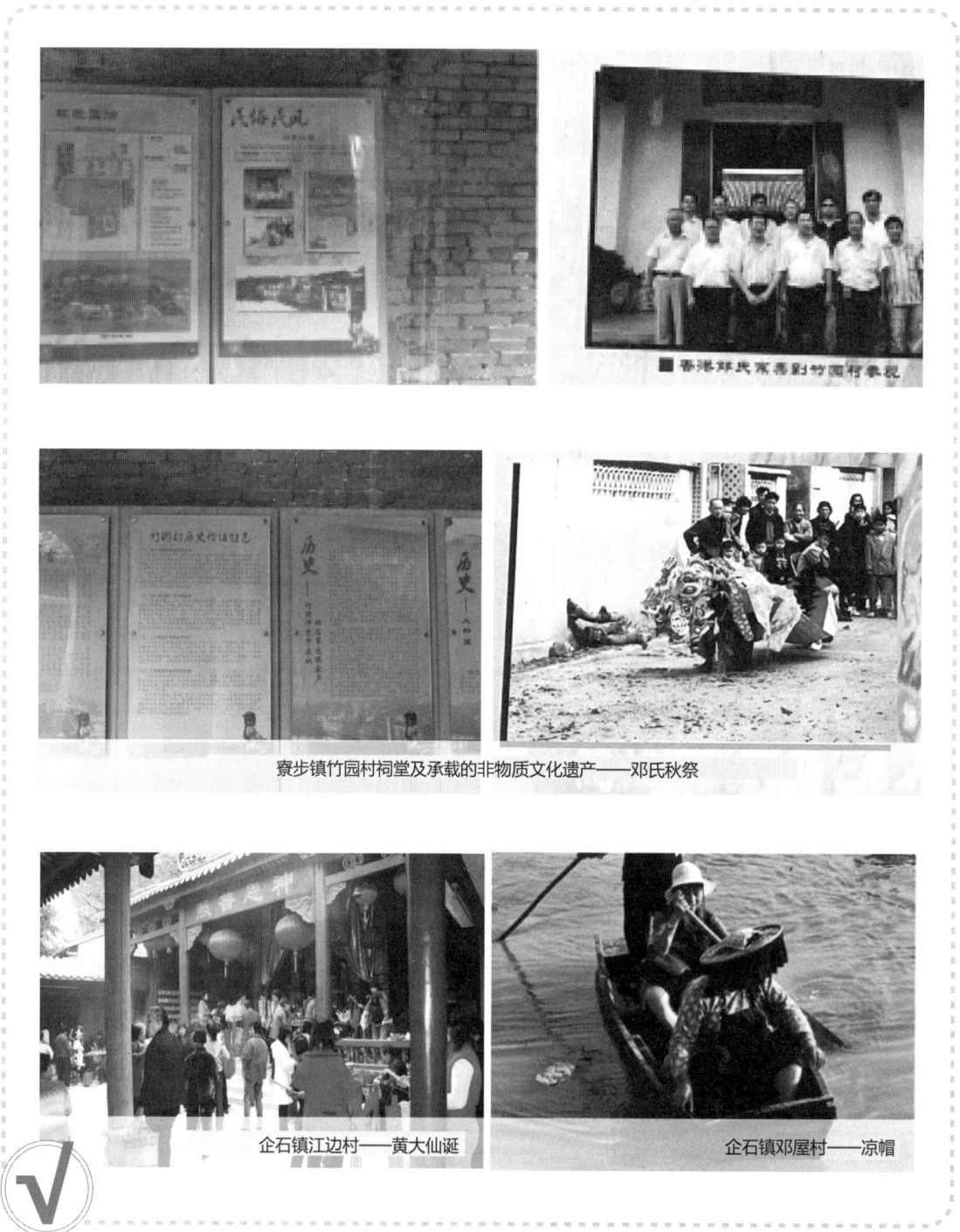

寮步镇竹园村祠堂及承载的非物质文化遗产——邓氏秋祭

企石镇江边村——黄大仙诞

企石镇邓屋村——凉帽

图 5-1-14　非物质文化遗产图

5.1.3 乡村建筑

1. 总体要求：淳厚中正　情景交融

①对于列入文物保护单位和历史建筑名录的建筑，按照《中华人民共和国文物保护法》《广东省文物建筑合理利用指引》等相关文件要求进行专项保护和修复。

②建筑风貌控制需循序渐进，分类施行。对存在安全隐患的危房等建筑应及时评定，进行拆除；对于一般风貌的建筑应及时进行微改造或微更新，保持建筑整洁有序。

③新建建筑应注意突出地域特色，同时鼓励使用新技术、新生态材料等。

④埔田片区建筑文化底蕴深厚，新建建筑应与村庄原有传统建筑协调呼应，建议以广府建筑风格为主，对其风貌要素加以提取和凝练，形成与周围田园环境有机融合、淳厚中正的风貌特点。

2. 乡村建筑类型

根据乡村建筑的使用性质，可分为农房建筑、公共建筑、生产建筑三种类型（表 5-1-3、图 5-1-15～图 5-1-17）。

乡村建筑分类表 表 5-1-3

乡村建筑类型	类型简述
农房建筑	村内居住功能的建筑
公共建筑	供人们进行各种公共活动的建筑
生产建筑	工业生产建筑和农业生产建筑

农房—传统民居—桥头镇邓屋村

公共建筑—村民活动中心—石排镇田寮村　　生产建筑—电子厂—石排镇田寮村

图 5-1-15　乡村建筑类型图

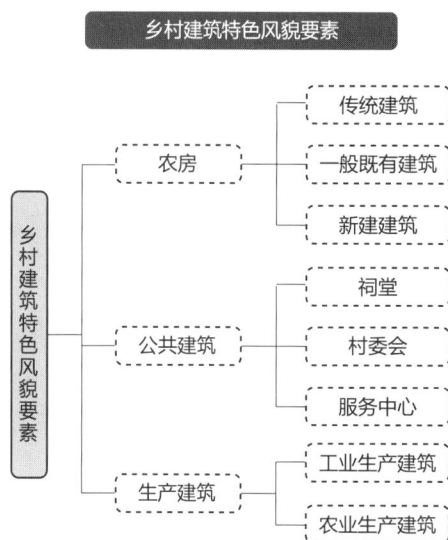

图 5-1-16　乡村建筑特色风貌要素分类图

图 5-1-17　乡村建筑特色风貌要素图

1）农房建筑

（1）总体指引

对于传统建筑，要秉持原真性、整体性原则，对建筑本体主要采取修缮措施，包括传统建筑本身及其所承载的历史信息、村民记忆；对于一般既有建筑，要秉持可操作性的原则，对建筑风貌主要采取清理、整治、拆除工作；对于新建建筑，要秉持协调性的原则，对建筑风貌进行把控，传承地域文化特色的同时，鼓励采用新技术、新材料，创造舒适生态的新村庄（图 5-1-18～图 5-1-21）。

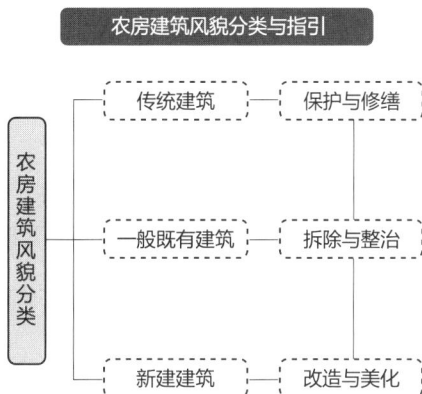

图 5-1-18　农房建筑风貌分类图

图 5-1-19　农房建筑风貌图

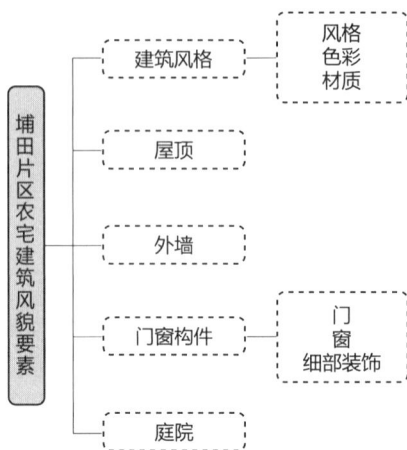

图 5-1-20 埔田片区农宅建筑风貌要素分类图

图 5-1-21 埔田片区农宅建筑风貌要素图

（2）农房建筑色彩指引

建筑外观色彩可分为主基色、辅助色和点缀色。主基色即建筑屋顶、墙身、基础部位的主要颜色；辅助色即墙身、屋顶部位的搭配色；点缀色即装修装饰部位的主要颜色。

传统广府民居建筑墙身以青色、土黄色为主；屋顶以青灰色为主；门窗常用朱红色；装饰装修色彩绚丽多彩，不拘一格。整体呈现素雅敦实的韵味，可以与周围环境很好地融为一体。

一般既有建筑与新建建筑颜色多样，主基色以大红色、粉红色为主；辅助色以灰色、浅蓝色为主；点缀色以墨绿色、青色、深褐色为主。整体呈现缺乏统一的规划指导指引。应采用能够体现埔田淳朴风貌、与传统建筑色彩相协调的暖黄、灰色、白色为主色调，以红色、棕色、深蓝色为辅助色调（图 5-1-22）。

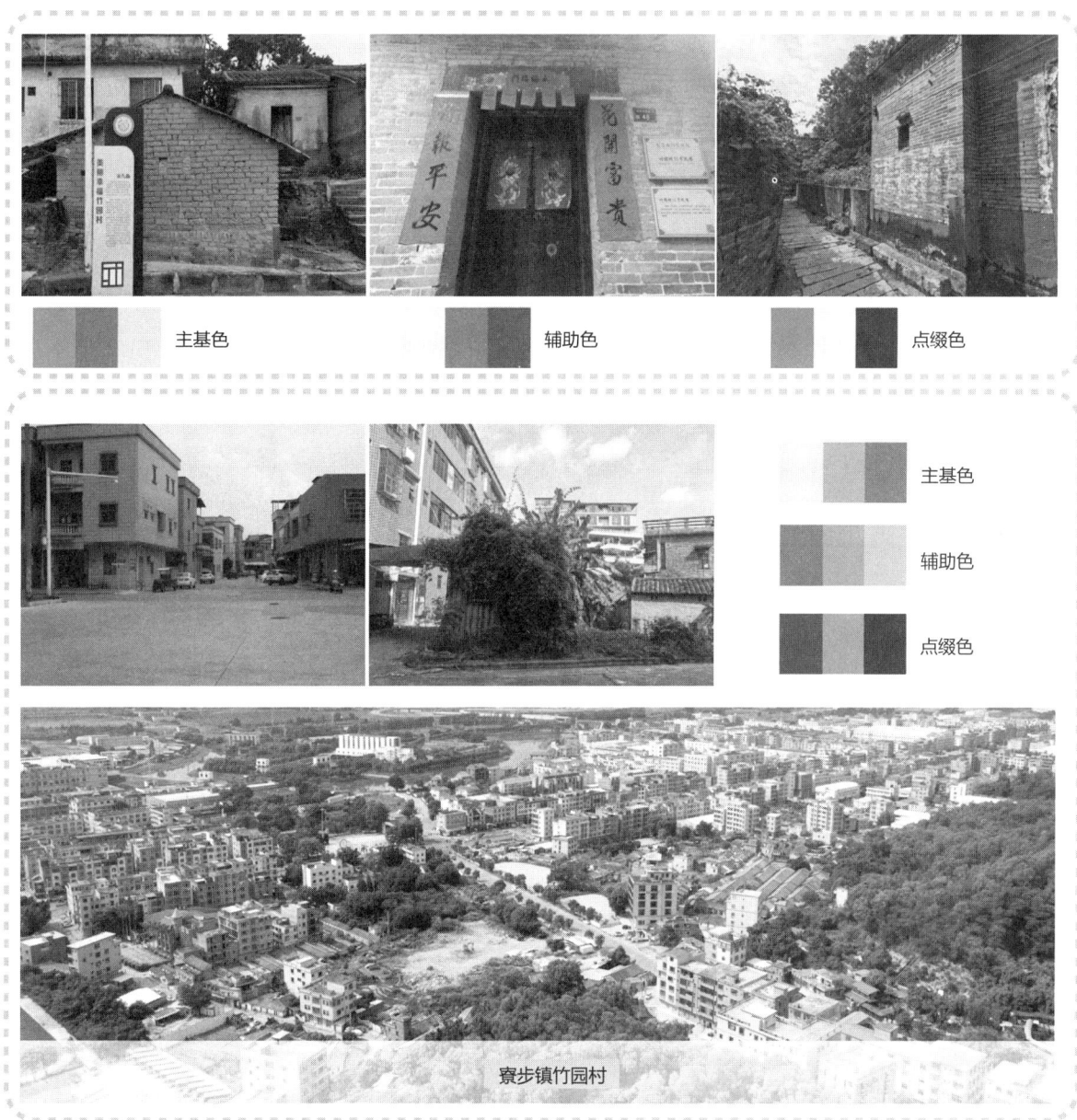

主基色　　　　　　　　辅助色　　　　　　　　点缀色

主基色

辅助色

点缀色

寮步镇竹园村

图 5-1-22　农房建筑色彩指引图

（3）农房建筑材质指引

传统广府民居建筑材质讲究就地取材，屋顶采用小青瓦，屋身一般采用白色外墙漆或青灰色外墙砖勾白缝、蚝壳墙等，墙基以大块麻石或红砂岩为主，青石铺地，局部建筑装饰采用木材。

一般既有建筑与新建建筑材料的选择应适应当地气候环境，优先选用当地的砖、瓦、木材、石材等乡土材料。鼓励采用现代经济环保的材料，创造传统样式，体现传统工艺的新材料。同时，可适当对当地已废弃的传统旧材料进行再利用（图5-1-23）。

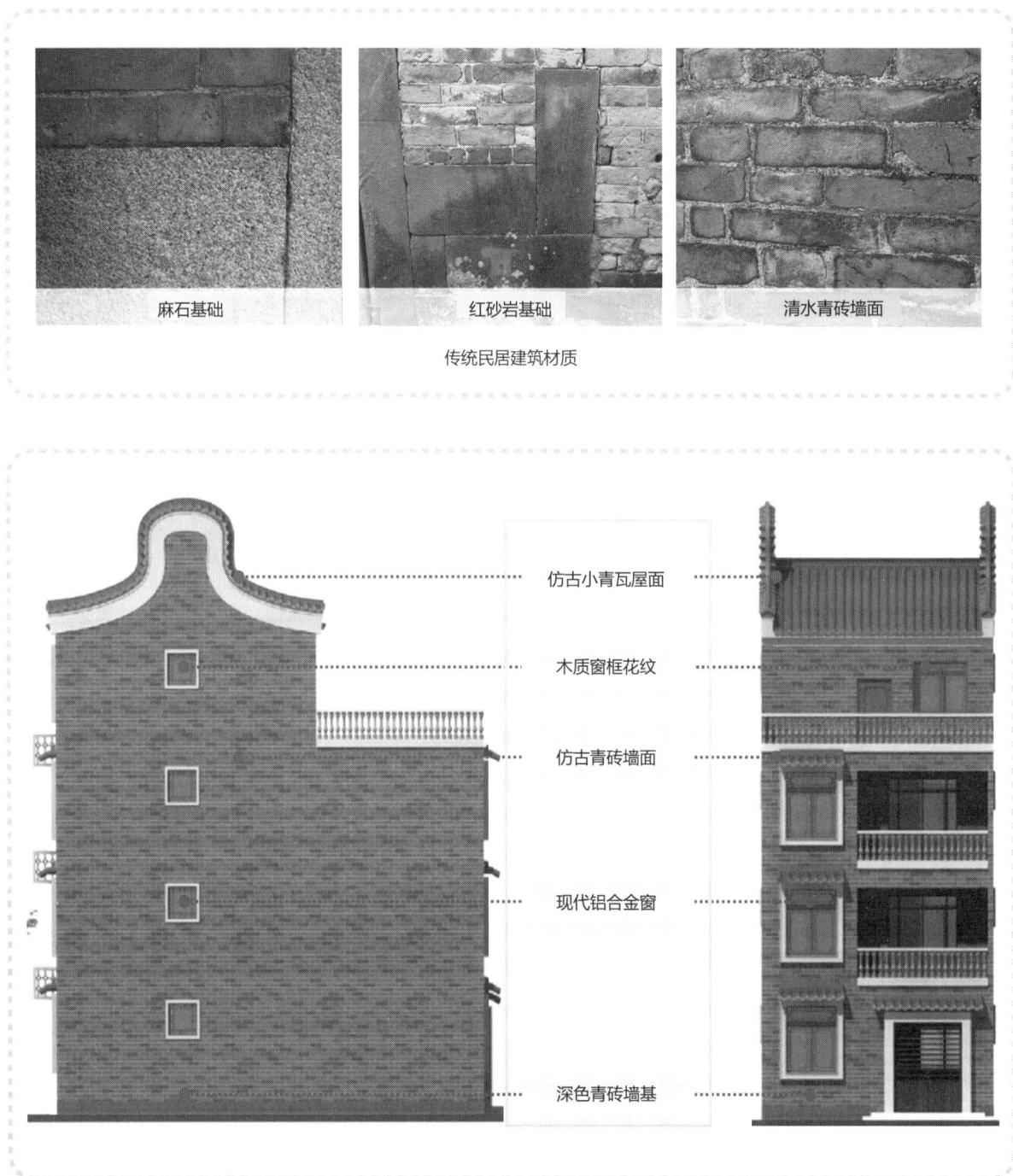

| 麻石基础 | 红砂岩基础 | 清水青砖墙面 |

传统民居建筑材质

仿古小青瓦屋面

木质窗框花纹

仿古青砖墙面

现代铝合金窗

深色青砖墙基

图5-1-23　农房建筑材质指引图

（4）农房建筑屋顶塑造指引

对于列入文物保护单位和历史建筑名录的农房，按照《中华人民共和国文物保护法》《广东省文物建筑合理利用指引》等相关文件要求进行专项保护和修复。将现有建筑不同风貌的屋顶按照不同的破坏程度进行修缮与翻新、清理与拆补、（微）改造与美化（图 5-1-24）。

①修缮与翻新：对屋顶破坏严重、有一定安全隐患的进行修缮与翻新。

②清理与拆补：对影响屋顶外观及结构的杂草、构筑物等进行清理。

屋顶现状

屋顶修缮与清理参考案例

桥头镇迳联社区　　　　　　　　云南滇池乌龙古渔村

图 5-1-24　农房建筑屋顶塑造指引图（1）

③改造与美化：对影响地域风貌的屋顶形式进行微改造，增添地域元素符号，凸显地域特色。

提取地域元素，如镬耳墙、青瓦屋面、线脚等。寻找适合的屋顶形式，如双坡屋顶形式、"人"字坡形式、平坡结合形式，一定要与自然环境、传统风貌相结合，避免屋顶坡度失调等。塑造绿色屋面，选用当地特色植被，以种植藤蔓、花草等方式形成屋顶绿化，打造绿色生态的屋面效果（图5-1-25）。

修缮与翻新

✕ 屋顶杂乱、形式单一，与传统风貌相割裂

屋顶整洁、形式多样，与传统风貌相融合

✔

盝顶形式　坡屋顶与盝顶形式　平坡结合形式

檐部加入线脚　女儿墙采用传统样式　屋顶绿化

图 5-1-25　农房建筑屋顶塑造指引图（2）

（5）农房建筑外墙塑造指引

对于列入文物保护单位和历史建筑名录的农房，按照《中华人民共和国文物保护法》《广东省文物建筑合理利用指引》等相关文件要求进行专项保护和修复。将现有建筑不同风貌的外墙按照不同的现状情况进行修缮与翻新、清理与拆补、（微）改造与美化（图 5-1-26）。

①修缮与翻新：对外观较差、有一定安全隐患的建筑墙体进行修缮与翻新。

②清理与拆补：对外观中等建筑进行立面清理、拆补影响立面风貌的元素。

修缮与翻新

墙体破败，存在安全隐患

清理与拆补

墙体裸露，缺少门窗　　墙体风化，彩绘失色　　墙体被雨水侵蚀，布满污渍

屋顶现状

外墙修缮与清理参考案例

桥头镇迳联社区

图 5-1-26　农房建筑外墙塑造指引图（1）

③改造与美化：对外观普通的建筑进行立面美化。

对于在墙面处裸露的落水管、空调机箱等应尽量隐藏，可将落水管刷成与墙体一致的颜色，空调机箱可采用百叶护栏等方式遮挡，防盗窗尽量避免外飘。

在局部增添地域元素，墙体风格尽量保持统一，能够体现广府建筑风貌，墙体材质可采用仿古青砖墙面、灰色植皮瓷砖墙面（图 5-1-27）。

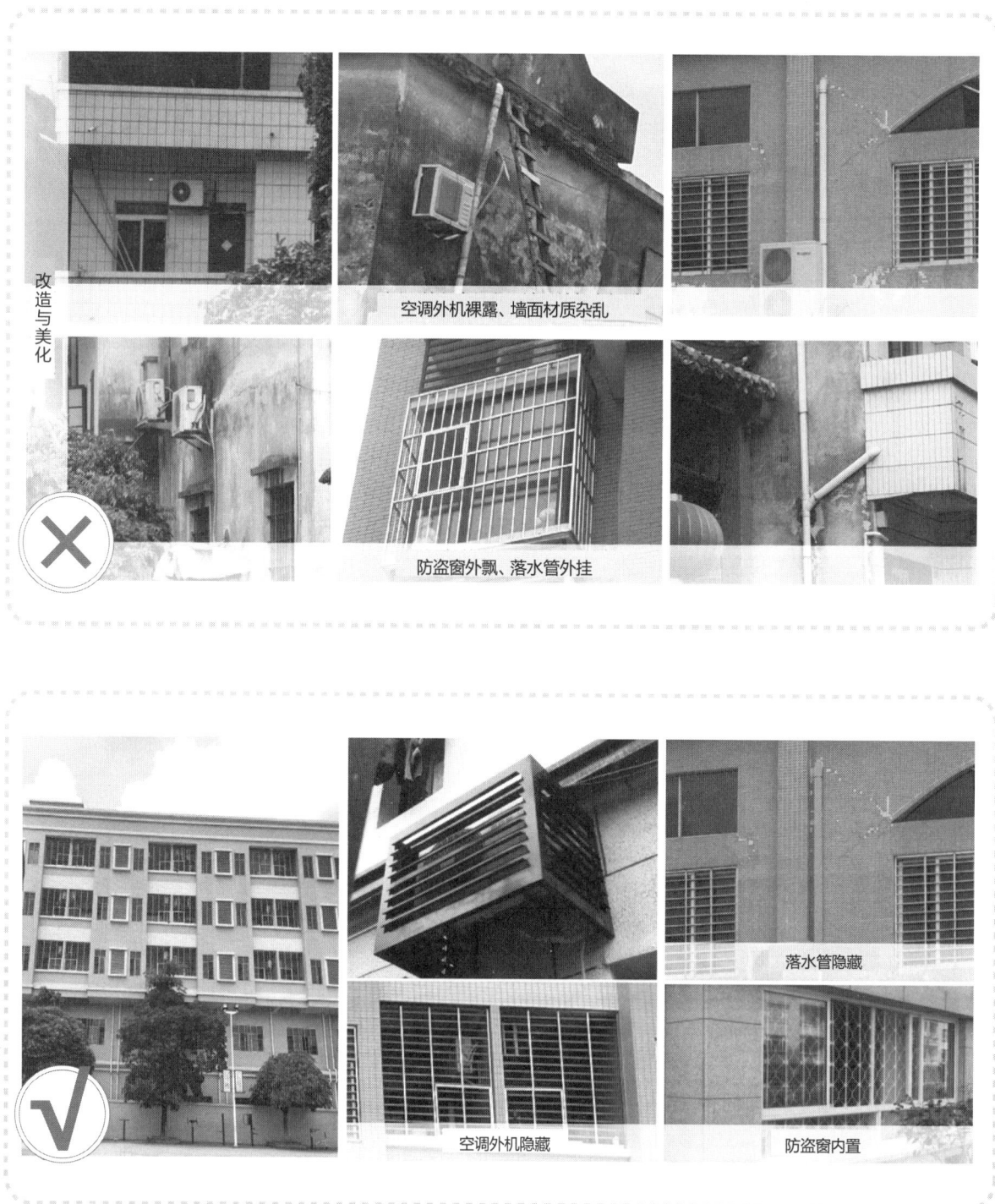

图 5-1-27　农房建筑外墙塑造指引图（2）

（6）农房门窗塑造指引

对于列入文物保护单位和历史建筑名录的农房，按照《中华人民共和国文物保护法》《广东省文物建筑合理利用指引》等相关文件要求进行专项保护和修复。将现有建筑门窗按照不同的现状情况进行修缮与翻新、清理与拆补、（微）改造与美化（图5-1-28）。

①修缮与翻新：对已经破损、年久失修的现代建筑门窗进行翻新，应与整体风貌相协调；对已经破损的传统民居门窗进行修缮时宜采用原有或相近材质，体现地域特色。

②清理与拆补：对外观中等的传统民居门窗进行清洗、替换；对视觉效果较差的现代门窗进行拆除与替换。

图 5-1-28　农房门窗塑造指引图（1）

③改造与美化：对普通单一、非地域样式的门窗进行改造。

适当增添地域传统元素，如门窗套、门楣、窗楣等，凸显地域特色；在材质上宜采用木材等传统材料及铝合金等现代材料；在颜色上宜采用木色、砖红色，尽量一个片区样式较统一。在立面装饰上，宜采用传统陶瓷栏杆、木质漏花栏杆、木质金属栏杆等，体现广府特色并保证装饰整洁（图 5-1-29）。

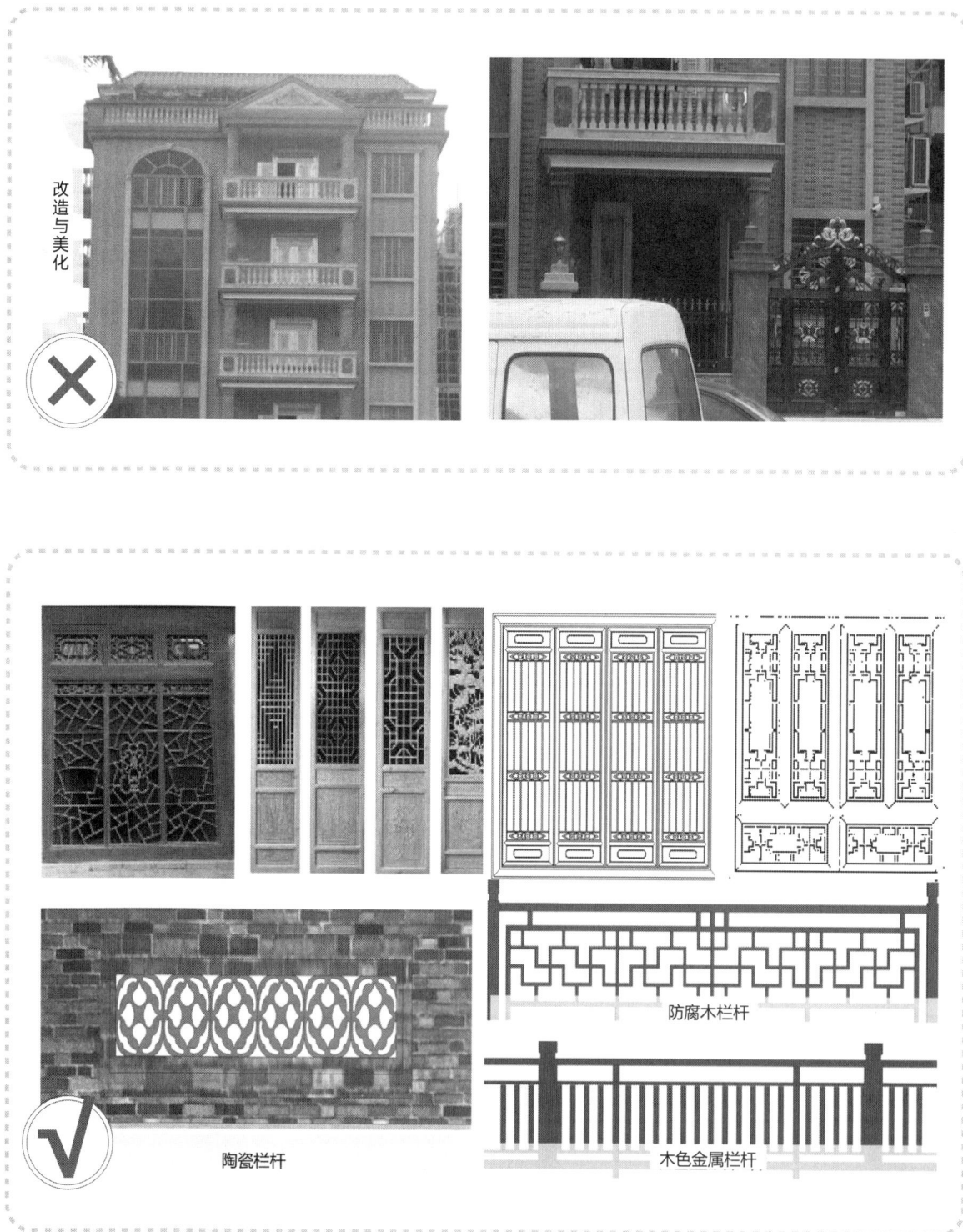

图 5-1-29 农房门窗塑造指引图（2）

（7）庭院塑造指引

对建筑庭院内外根据现状进行清理、翻新、改造等工作。对需要替换的围墙、铺地、植物种类等要素，宜采用原有或相近的材质样式，保持整体风貌协调。在此基础上，适当增加绿植数量和种类，美化庭院环境。同时，提取片区传统元素，用于院墙等处，凸显地域特色（图 5-1-30）。

庭院内杂草丛生、没有统一规划　　　　　　庭院地面材质不协调

庭院改造参考案例

绿化美化庭院景观层次　　　　　结合传统砖石木材料与现代材料打造庭院空间

山东威海范家院落改造　　　　　　北京怀柔二台子村庭院改造

图 5-1-30　庭院塑造指引图

2）公共建筑

乡村公共建筑包含祠堂、村委会、老年人服务中心、学校、农贸市场等（图5-1-31、图5-1-32）。

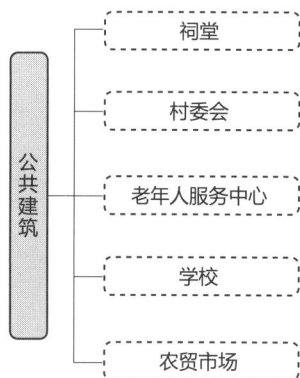

公共建筑分类

乡村公共建筑包含祠堂、村委会、老年人服务中心、学校、农贸市场等。

公共建筑
├─ 祠堂
├─ 村委会
├─ 老年人服务中心
├─ 学校
└─ 农贸市场

图 5-1-31　公共建筑分类图

图 5-1-32　公共建筑类型图

（1）祠堂等公共建筑

对于祠堂等历史建筑要按照《广东省文物建筑合理利用指引》等相关文件的要求进行专项保护和修复，反映传统文化与历史信息，同时结合现代使用功能需求，置入垃圾箱等服务设施（图 5-1-33）。

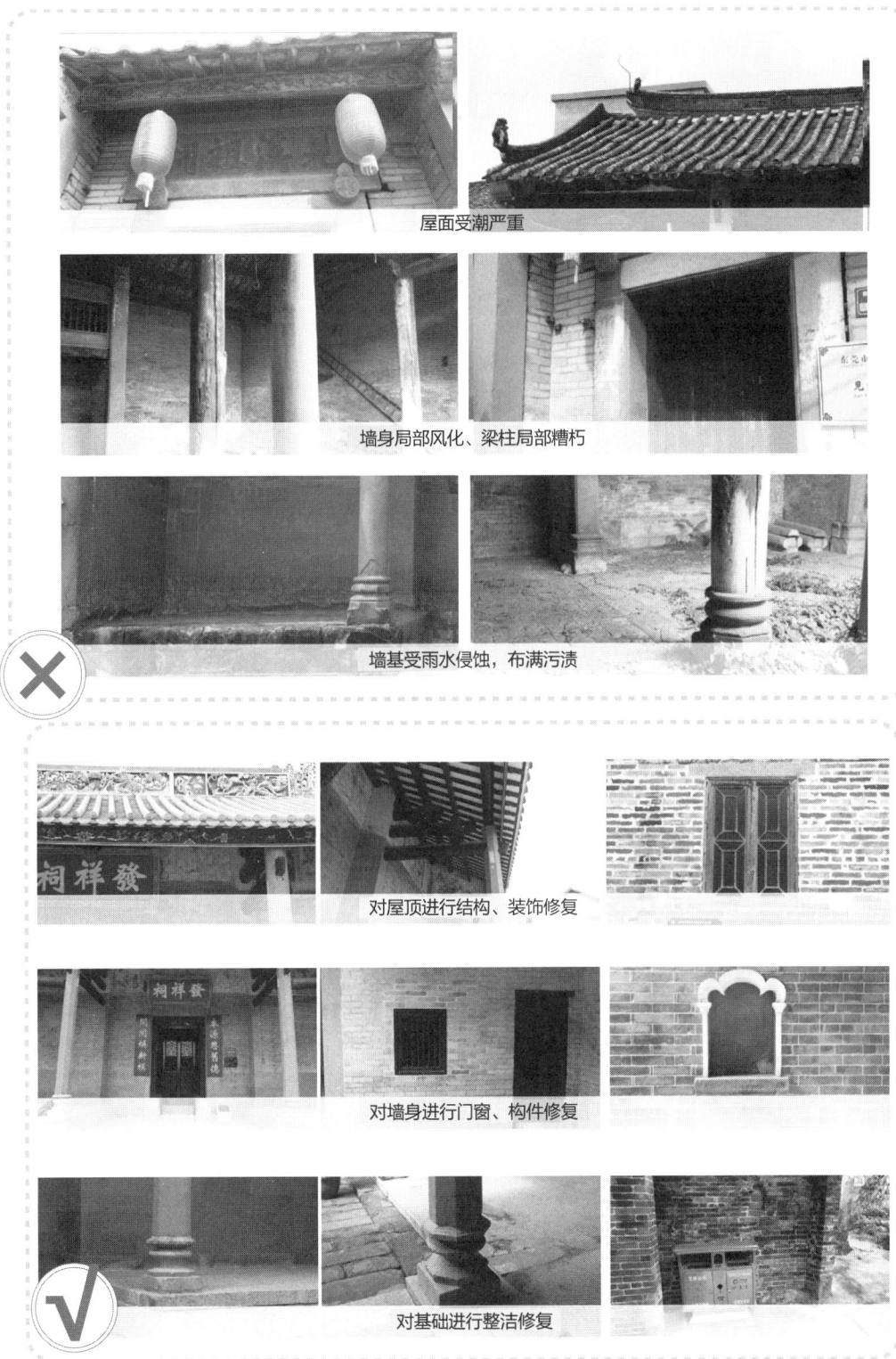

图 5-1-33　祠堂风貌塑造指引图

（2）村委会、服务中心等公共建筑

对于现代公共建筑，在功能上要注意满足现代人的使用需求；在建筑形式上要结合传统与现代，突出地域特色，既延续传统文化内涵，又体现当下时代特征（图5-1-34）。

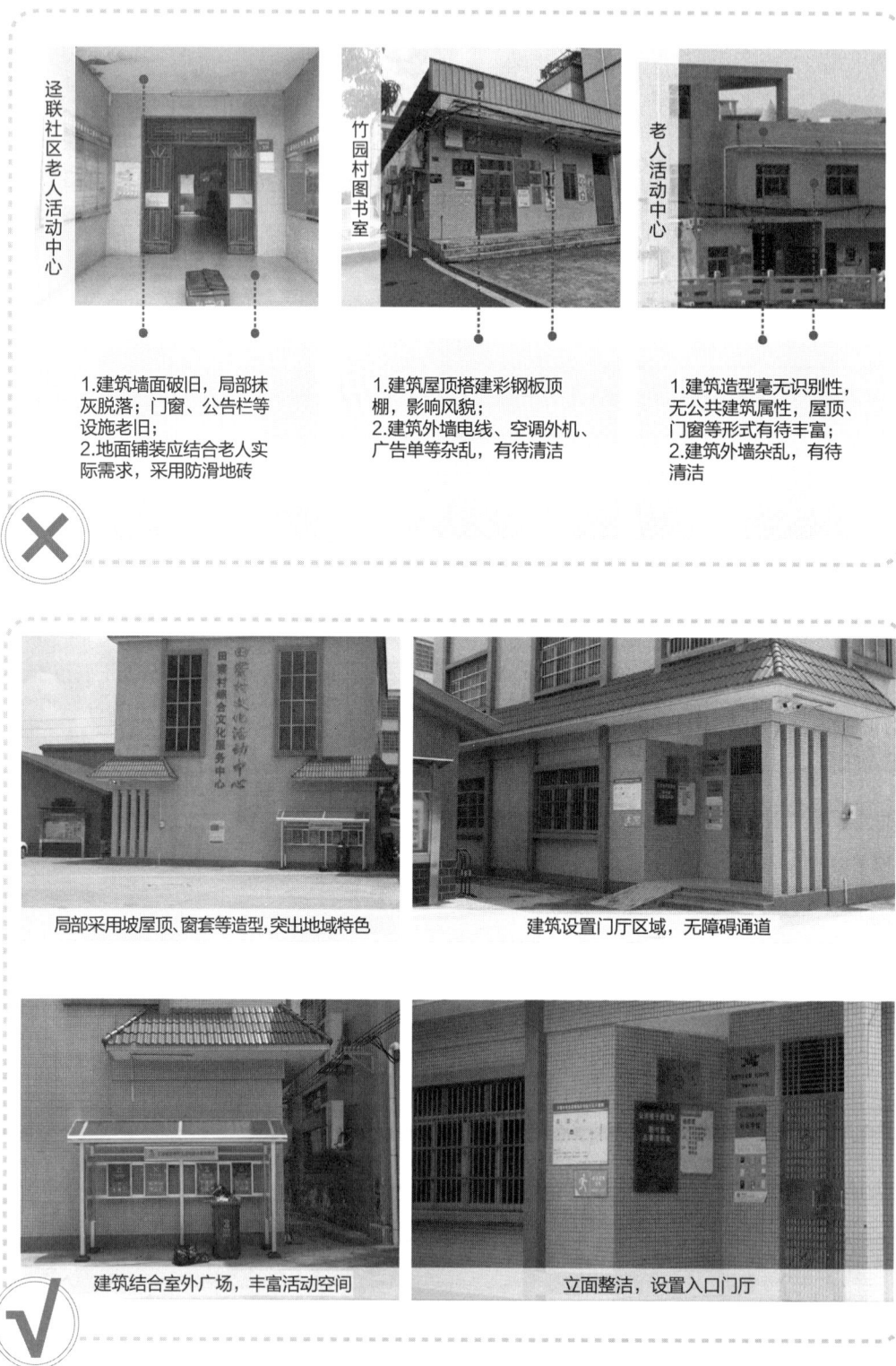

逕联社区老人活动中心

1.建筑墙面破旧，局部抹灰脱落；门窗、公告栏等设施老旧；
2.地面铺装应结合老人实际需求，采用防滑地砖

竹园村图书室

1.建筑屋顶搭建彩钢板顶棚，影响风貌；
2.建筑外墙电线、空调外机、广告单等杂乱，有待清洁

老人活动中心

1.建筑造型毫无识别性，无公共建筑属性，屋顶、门窗等形式有待丰富；
2.建筑外墙杂乱，有待清洁

局部采用坡屋顶、窗套等造型，突出地域特色

建筑设置门厅区域，无障碍通道

建筑结合室外广场，丰富活动空间

立面整洁，设置入口门厅

图5-1-34　村委会、服务中心风貌塑造指引图

3）生产建筑

在满足功能要求的前提下，建筑高度、形式应与周边建筑、自然景观相协调，建筑色彩应素雅淳厚，与片区整体风貌相融合（图 5-1-35）。

图 5-1-35　生产建筑风貌塑造指引图

5.1.4 公共环境

1. 总体要求

①乡村公共环境整治范围较广，应覆盖村域范围内的公共场所。包括"四小园"文体活动场所、道路环境等。

②乡村公共环境整治应结合当地自然和人文环境，科学合理地布局。

③对于公共环境的营造，既要保护和延续当地营建技艺，也要注意满足现代人审美心理、审美功能需求。

2. 公共环境类型

根据公共环境的使用分布，可主要分为四小园、文体活动场所、道路环境三种类型（表5-1-4、图5-1-36～图5-1-38）。

公共环境类型   表5-1-4

公共环境类型	类型简述
四小园	小公园、小菜园、小花园、小果园
文体活动场所	指提供人们进行各种文化体育活动的场所空间
道路环境	道路及其附属的基础设施

四小园—小公园—寮步镇竹园村

文体活动场所—健身场所—寮步镇竹园村

道路环境—村道—石排镇田寮村村

图5-1-36 公共环境类型图

公共环境特色风貌要素

公共环境特色风貌要素 ── 四小园 ── 小公园
小菜园
小花园
小果园

文体活动场所 ── 广场
舞台

道路环境 ── 道路
绿植
路灯

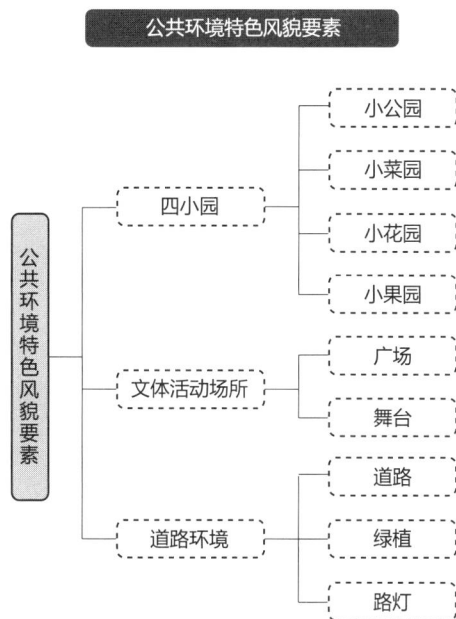

图 5-1-37　公共环境特色风貌要素分类图

寮步镇竹园村

四小园—小公园

四小园—小花园

文体活动场所—广场

道路环境—村道

图 5-1-38　寮步镇竹园村公共环境特色风貌要素类型图

173

1）四小园

（1）小公园

①将街巷闲置的公共空间等作为小公园建设场地。

②采用乡土材料，如砖块、石块、木块等进行公园道路、座椅、树池、景墙等景观要素的建设。鼓励利用现代材料创造座椅、坐凳等设施。

③种植树种以乡土树种为主，多采用低成本养护的树种（图5-1-39）。

公园环境较差，缺少管理与清洁

寮步镇竹园村

结合街巷闲置空间作小公园建设场地

晾衣架、围栏等也变成景观的一部分

晾衣架

上海北外滩街道社区公园

图5-1-39　小公园风貌塑造指引图

（2）小菜园

①清理村民房前屋后的闲散用地、边角空地等，作为小菜园场地。

②可进行分层、立体种植，结合土地种植花生、青菜；搭建棚架种植南瓜、黄瓜等藤本植物。

③菜园边界宜采用砖石、木围栏等乡土材料进行建设，且围墙宜采用透空样式（图 5-1-40）。

桥头镇邓屋村

菜园周边建筑破旧、道路狭窄，环境较差；菜园形式单一，只有平地种植；缺乏围护结构

×

利用边角空地作为小菜园

分层、立体种植

采用当地砖石、木材等材料塑造菜园边界

桥头镇邓屋村

√

图 5-1-40　小菜园风貌塑造指引图

（3）小花园

①清理房前屋后庭院空间，种植乡土花卉、绿植，营造亲自然、多功能的绿色花园。

②绿植花卉应适应当地环境，宜结合花期进行四季花园营造，建议采用二次利用容器承载种植。

③花卉可结合墙壁、构筑物等进行立体种植，同时置入景观小品，提升花园的景观层次（图 5-1-41）。

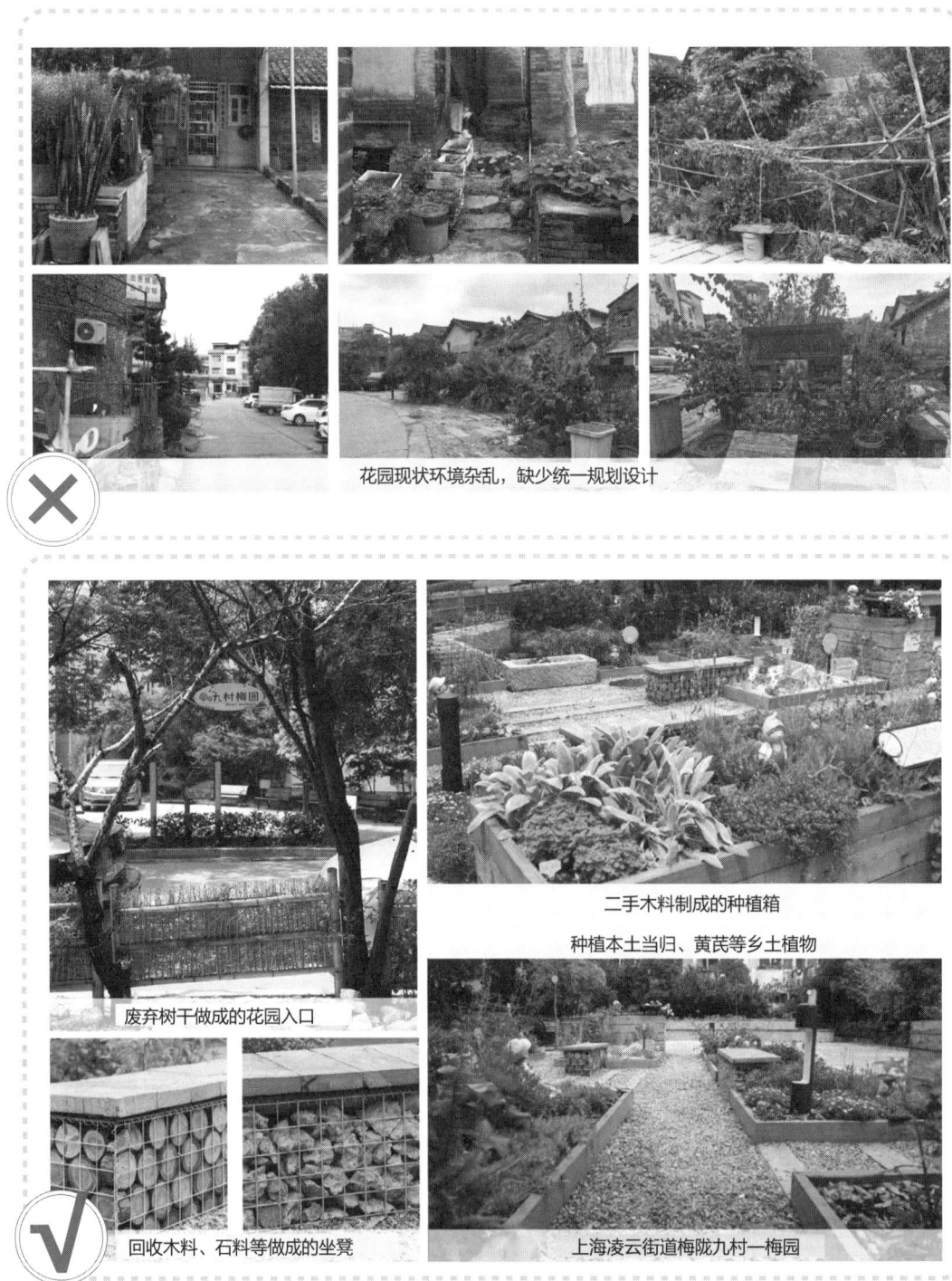

图 5-1-41　小花园风貌塑造指引图

（4）小果园

①清理房前屋后闲置用地作为小果园建设用地。

②果树种植应因地制宜、适地适树，选种岭南特色果树，如龙眼、芒果等果树。

③融入园林小品、公共设施，增强果园的观赏性、趣味性、公共性（图 5-1-42）。

桥头镇邓屋村

桥头镇迳联社区

果园周边建筑破旧、道路狭窄，环境较差；没有形成果园边界，缺乏围护结构；果树种植缺乏管理

上海市奉贤区青村镇吴房村

果园与菜园一起种植，形成多层次景观

种植当地果树，如龙眼、芒果等

结合果园设置座椅等设施，塑造果园公共空间

结合当地砖石材料进行围合，形成边界

图 5-1-42　小果园风貌塑造指引图

2）文体活动场所

（1）在村中选择交通便捷、距离较近的场所作为村民活动、游憩的文体活动场所。

（2）宜在场地中设置儿童玩耍器具、老人健身器材、散步小道等设施，满足不同年龄阶段的村民日常娱乐、锻炼需求。

（3）宜配置照明灯具、休息座椅等提高场地内安全性和实用性（图5-1-43）。

桥头镇迳联社区广场　　　桥头镇迳联社区广场　　　石排镇田寮村广场

活动广场形式单一，无法满足丰富多样的文体活动

①　　　　②　　　　③

周边交通便捷，邻近水塘，与小公园做了很好的结合，空间丰富，环境优越

桥头镇竹园村活动广场

图5-1-43　文体活动场所风貌塑造指引图

3）道路环境

（1）村道

①村道建设注意经济实用，一般村庄可采用混凝土路面，对于有条件的村庄可以采用沥青路面。

②村道两侧应种植树木，增强道路引导性，两侧的灌木植被宜选地适应性强的当地乡土植物。

③对于侵占村道的杂物，要及时清理，注意配备道路照明、道路标识等设施（图 5-1-44）。

桥头镇迳联社区

桥头镇竹园村

村道周边电线乱搭，道路年久失修，两侧环境较差。

杂物占据村道沿线；存在占道停车现象；道路两侧缺少绿化。

平整道路及整理道路两侧照明、电线等设施

配备道路标识

完善道路两侧行道树

完善道路两侧人行道

图 5-1-44　村道风貌塑造指引图

（2）巷道

①对于传统巷道要注意保留原有格局与肌理，在进行局部修复时，注重延续传统的营建方式。

②一般巷道要及时检查修补，对于破损、坑洼的巷道，应及时对其补充平整。

③村内新建的巷道，应与原有巷道相协调，鼓励采用本土材料进行营建（图5-1-45）。

图 5-1-45　巷道风貌塑造指引图

（3）特色步道

特色步道应结合自身景观环境，打造如滨水步行道、攀登步行道等类型的特色步道（图 5-1-46）。

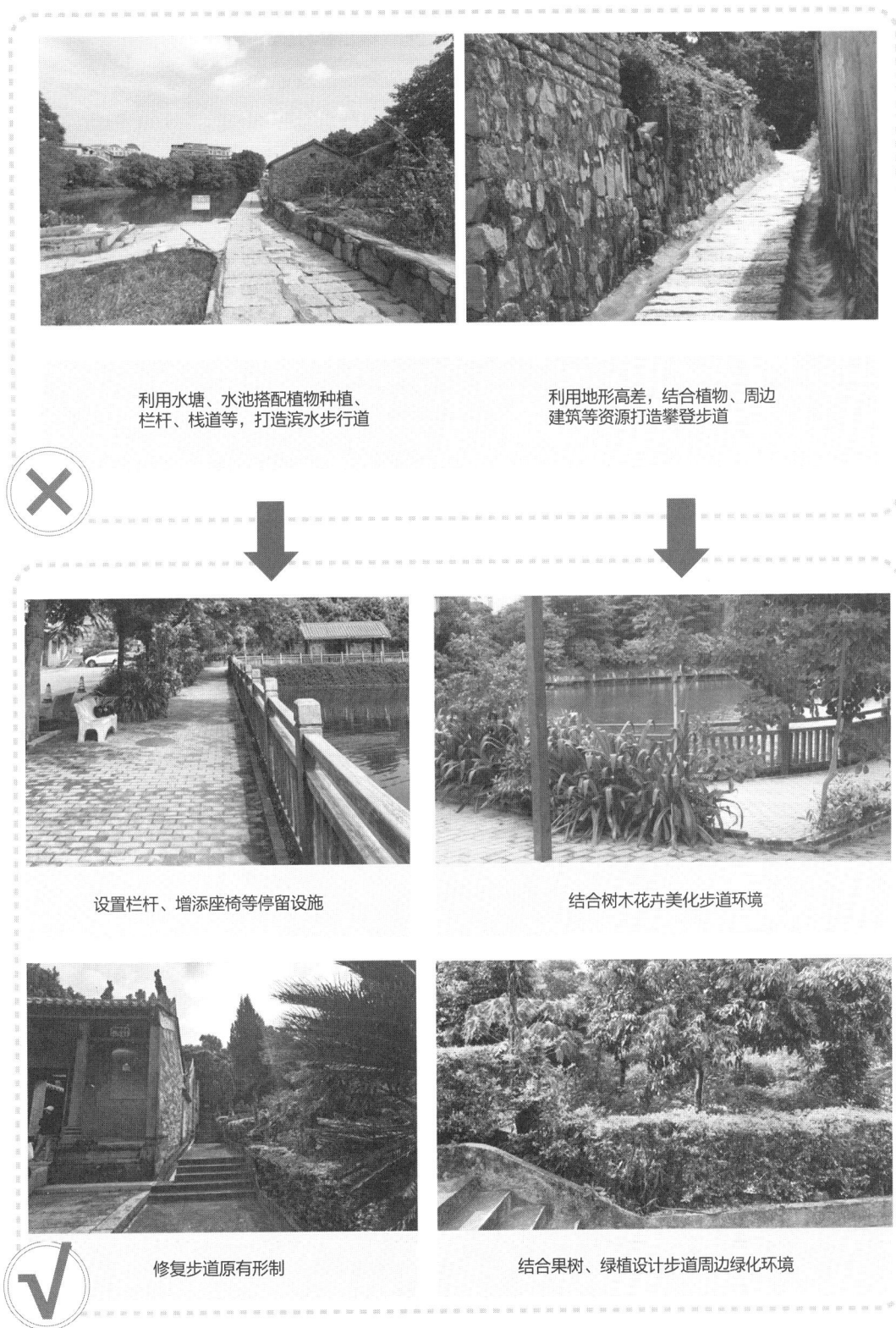

利用水塘、水池搭配植物种植、
栏杆、栈道等，打造滨水步行道

利用地形高差，结合植物、周边
建筑等资源打造攀登步道

设置栏杆、增添座椅等停留设施

结合树木花卉美化步道环境

修复步道原有形制

结合果树、绿植设计步道周边绿化环境

图 5-1-46　特色步道风貌塑造指引图

5.1.5 标识系统

1. 总体要求

①标识系统应达到在村域全覆盖，发挥标牌、宣传栏等的说明、引导、宣传作用。

②标识系统应尽量结合当地乡土材料，突出埔田片区淳厚、朴实的特色形象。

③标识系统要主题突出，造型材质可提取广府文化传统元素，如镬耳墙、青砖墙等，反映地域特征。

2. 标识系统类型

根据标识系统的使用分布，可主要分为村入口标识、宣传栏、指示标志三种类型（表5-1-5、图5-1-47～图5-1-49）。

标识系统分类　　　　　　　　　　　　　表5-1-5

标识系统类型	类型简述
村入口标识	位于村庄入口的村名石、牌坊、景墙等
宣传栏	各种主题的宣传栏样式以及材质
指示标志	各种用途的标识牌，如道路、位置标识

村入口标识—村名石—石排镇田寮村

宣传栏—寮步镇竹园村

指示标识—寮步镇竹园村

图5-1-47　标识系统类型图

标识系统特色风貌要素

```
                    ┌─────────┐        ┌─────────┐
                    │         │────────│  村名石  │
                    │ 村入口标识│        └─────────┘
                    │         │────────┌─────────┐
                    └─────────┘        │  牌坊   │
                                       └─────────┘
┌───┐                                  ┌─────────┐
│标 │                                  │  景墙   │
│识 │                                  └─────────┘
│系 │               ┌─────────┐        ┌─────────┐
│统 │               │         │────────│  材质   │
│特 │───────────────│  宣传栏  │        └─────────┘
│色 │               │         │────────┌─────────┐
│风 │               └─────────┘        │  样式   │
│貌 │                                  └─────────┘
│要 │               ┌─────────┐        ┌─────────┐
│素 │               │         │────────│  指示牌  │
└───┘               │ 指示标识 │        └─────────┘
                    │         │────────┌─────────┐
                    └─────────┘        │ 位置标识 │
                                       └─────────┘
```

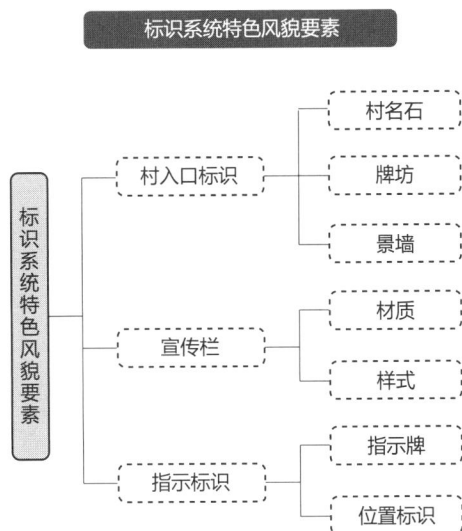

图 5-1-48　标识系统特色风貌要素分类图

石排镇田寮村

村名石　　　　　指示标志　　　　　宣传栏　　　　　宣传栏

图 5-1-49　标识系统特色风貌要素类型图

1）村入口

①村入口处标识有牌楼、村名石、景墙等多种形式。其形式应突出片区淳厚的风貌特征，采用砖材、石材、木材等地方材料。

②形式上提取传统文化符号，营造传统文化氛围。

③对于有条件的村庄，还可在村入口处打造入口景观广场，结合景观石、雕塑、植物等标志性元素，打造多层次的入口景观（图5-1-50）。

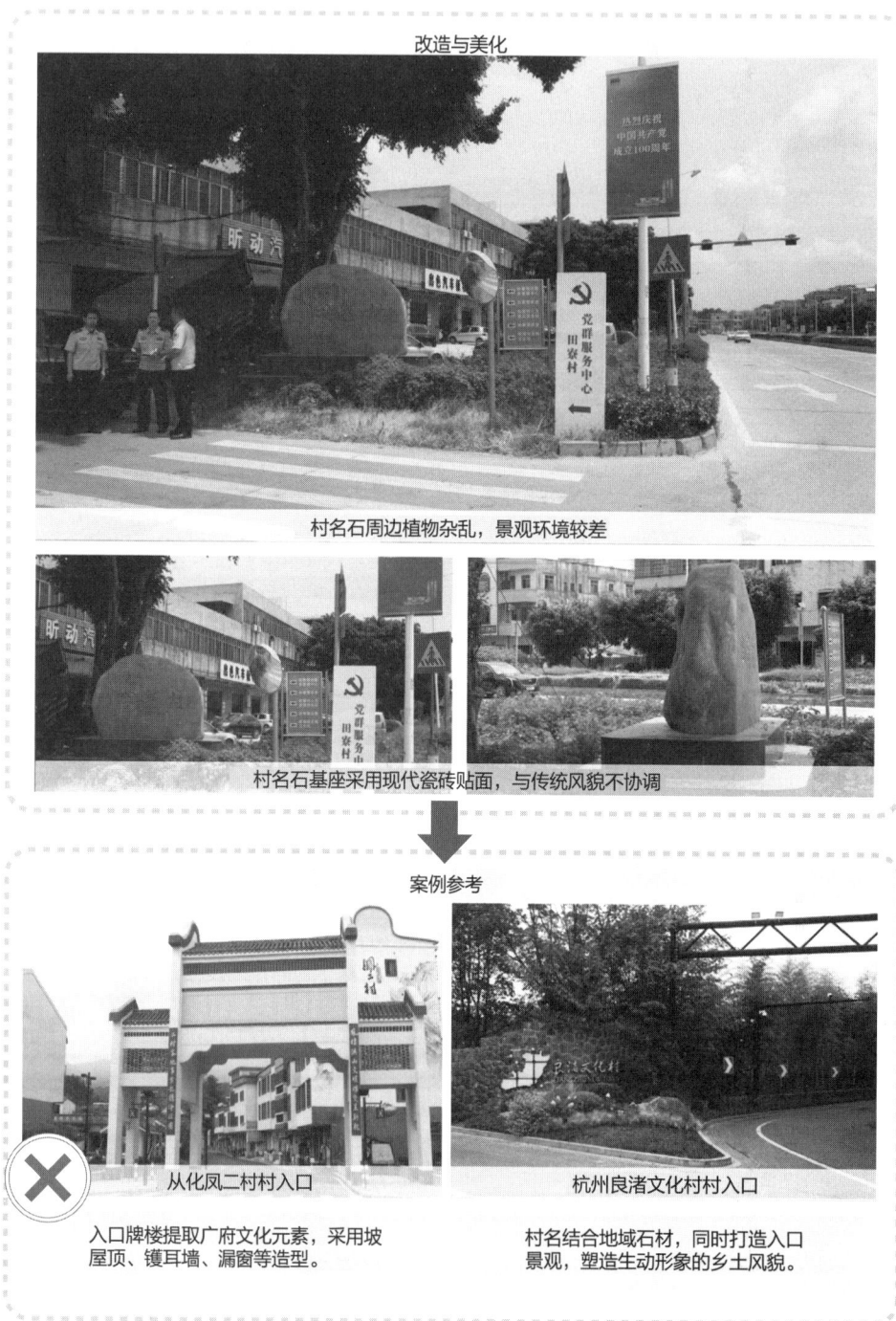

图 5-1-50　村入口风貌塑造指引图

2）宣传栏

（1）应及时清理宣传栏周边破败的环境要素，保证干净整洁的宣传环境。

（2）宣传栏造型可延续传统形式，如坡屋顶的构筑物等，颜色要与整体相协调，同时能突出自身形象，易识别。

（3）可结合周边环境，塑造专题宣传栏，如儿童教育、法律法规等主题（图 5-1-51）。

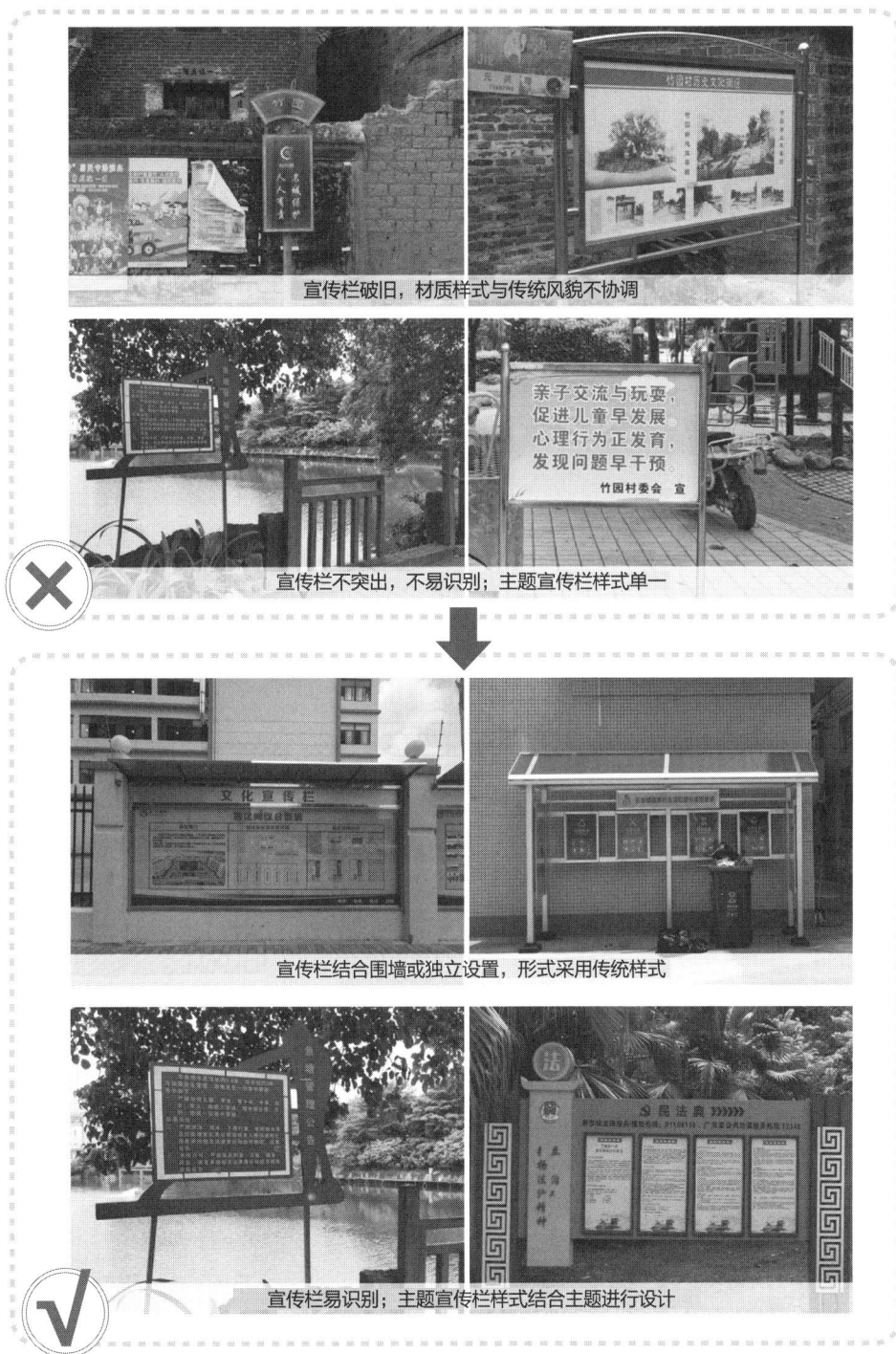

图 5-1-51　宣传栏风貌塑造指引图

3）指示标识

指示标识应易找寻和识别，避免被周边环境所遮蔽；对于年久破败的指示标识要及时更换，形式结合传统元素，塑造特色标识（图5-1-52）。

图 5-1-52　指示标识风貌塑造指引图

5.2 水乡情韵类

水乡情韵类片区风貌特征：地势平坦，水网密布。

水网密布的大地景观，有着多样化的滨水空间，灵动秀美、依水而居的水乡人家和泛舟农耕的人文风情相融合的风貌特色。村落建筑布局主要沿河涌或河岸呈带状逐次展开，线性特征明显。村内河网纵横，建筑与水体联系密切，建筑、街巷等空间环境以水系为骨架展开布局。

西北部围田区、西南部沙田地区组成。河涌密布，水网发达。主要河流96%属东江流域。丰富的水环境形成众多块状水田及鱼塘，东莞水乡风貌突出。

5.2.1 自然生态景观

水乡片区河网纵横，河涌密布。对于水域保护的总体要求应遵循生态原则、美观与实用原则、植物多样性原则。

①生态原则：在规划、使用过程中，应强调"创造性保护"，既要调动水域周边景观资源，又要保护地域性景观风貌。

②美观与实用原则：应注重融合审美功能和实用功能，打造水乡情韵突出，并且实用的水乡特色风貌。

③植物多样性原则：应注重滨水驳岸的植物种植设计，打造立体植物种植。注重滨水界面乔木种植、水生植物种植。

空间类型根据水域的差异，分为自然型水域、观赏型水域和生产型水域三种类型（表5-2-1、图5-2-1～图5-2-4）。

水域空间类型分类表 表 5-2-1

水域空间类型	类型代表
自然型水域	以河涌、池塘为主
观赏型水域	湿地公园
生产型水域	家庭农场、鱼塘养殖

图 5-2-1 水南村水间池塘与村落的关系

图 5-2-2　祥丰家庭农场全貌

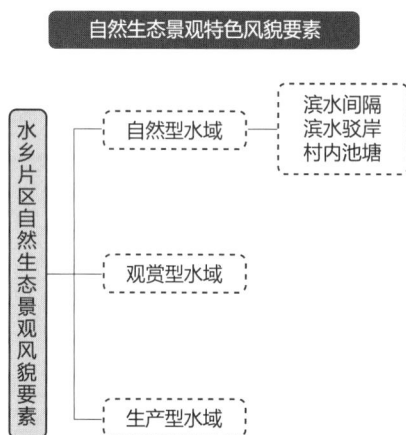

图 5-2-3　自然生态景观特色风貌要素

图 5-2-4　水南村滨水公园

1）自然型水域

（1）河涌处理

①自然式河涌要注重生态环境的营造，对遭到破坏的护岸、植被、水体进行整治，恢复其生态面貌。在此基础上，根据需求引入亲水活动、滨水游憩等场所功能。

②保护村落周边的自然水塘、河涌。不得擅自开挖和围填，不宜随意更改河道岸线，避免建筑违规搭建于水边。鼓励退塘还湿、退塘还河。

③污染严重、水体生态遭受严重破坏的水域，宜通过生态修复的方法综合治理，使用华南乡土水生植物，塑造乡村风貌特色（图 5-2-5、图 5-2-6）。

图 5-2-5　赤窖村现状问题及参考案例

现状问题 ✕

赤窖村干涸、污染河涌　　　　　赤窖村河涌驳岸污染

参考案例 ✓

软质驳岸　　　　　滨水分层设计　　　　　驳岸干净整洁

图 5-2-6　驳岸现状问题及参考案例

（2）驳岸处理

①水体驳岸尽量保持自然、生态，减少使用硬质水泥驳岸。

②根据水体的具体生态功能，采用植草护坡驳岸、台阶式人工护坡驳岸等生态驳岸，若因功能需求需采用硬质驳岸，应考虑种植植物，软化驳岸。

③对于用地充足、坡度小、本身地质条件稳定的河涌驳岸，优先采用自然式植草护坡驳岸，对于有防洪需求的河涌段采用人工自然式驳岸（图 5-2-7）。

滨水种植高大乔木

洪屋涡村河涌硬质驳岸处理

驳岸干净整洁
河涌界面曲线优美

洪屋涡村河涌硬质驳岸处理

驳岸植被丰富

水南村池塘软质驳岸处理

水生植物多样

水南村池塘软质驳岸处理

2%~6%

渗管/渗渠
间距按工程设计

排水管

汇水 碎石消能区　种植消能区　植物慢生区　快速生长区　净化区　亲水路面　水体
面　（W1）

W2≥2000

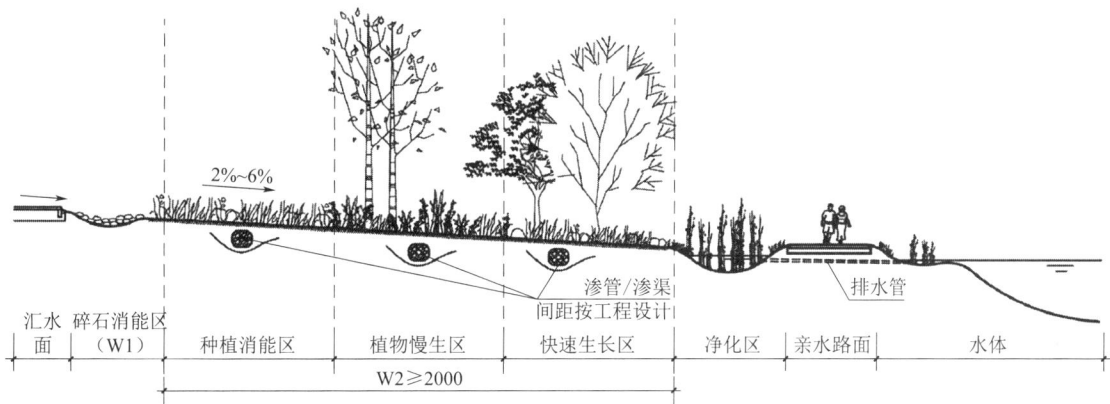

驳岸植被缓冲带

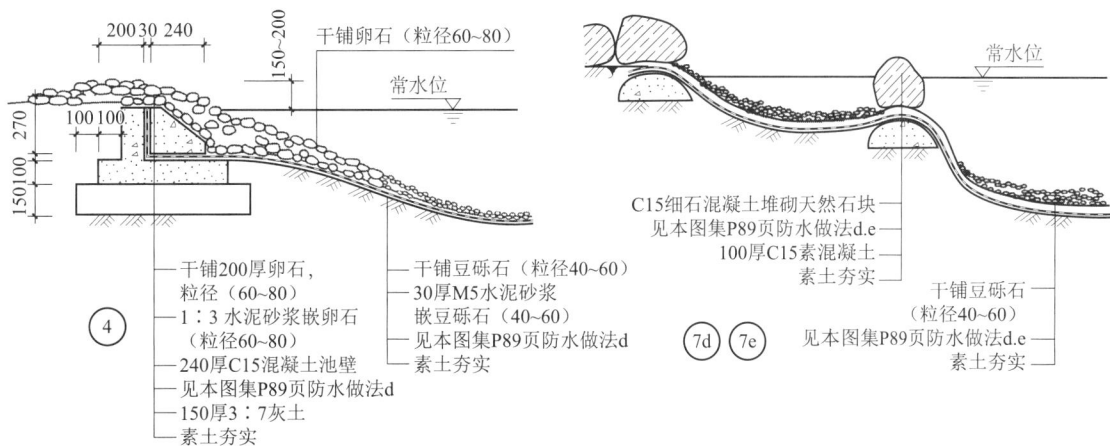

干铺卵石（粒径60~80）

常水位

常水位

干铺200厚卵石，
粒径（60~80）
1：3 水泥砂浆嵌卵石
（粒径60~80）
240厚C15混凝土池壁
见本图集P89页防水做法d
150厚3：7灰土
素土夯实

干铺豆砾石（粒径40~60）
30厚M5水泥砂浆
嵌豆砾石（40~60）
见本图集P89页防水做法d
素土夯实

驳岸处理方法1

C15细石混凝土堆砌天然石块
见本图集P89页防水做法d.e
100厚C15素混凝土
素土夯实

干铺豆砾石
（粒径40~60）
见本图集P89页防水做法d.e
素土夯实

（单位：毫米）

图 5-2-7　驳岸处理方法及剖面图

191

（3）池塘处理

①水塘风貌提升应以生态为前提，可通过种植植物进行水质净化。

②对其使用功能及景观设施进行优化，包括增设亲水活动平台提升趣味性。

③应对不同深度和水面落差以及不同功能的池塘，完善其安全护栏、警示牌等安全措施（图5-2-8、图5-2-9）。

图 5-2-8　池塘处理

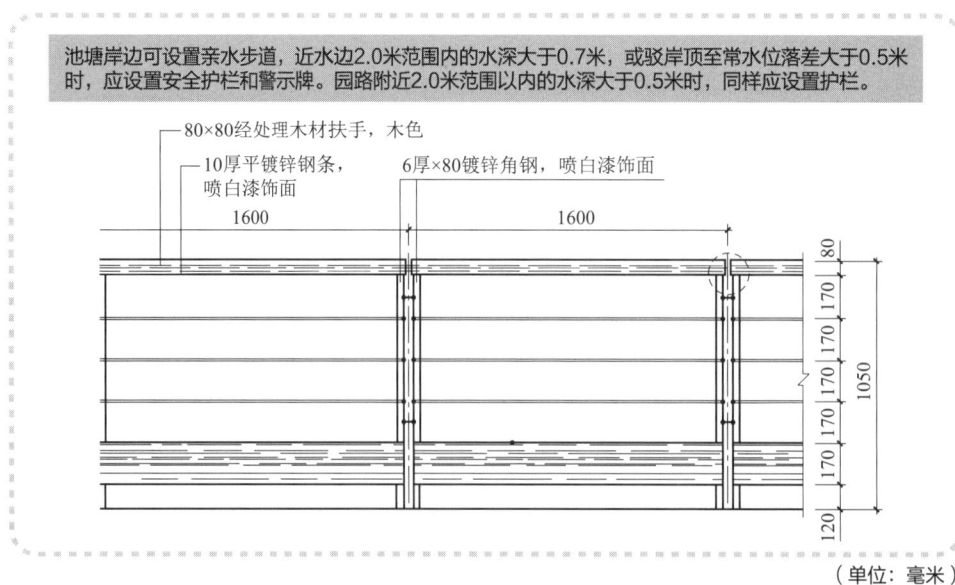

（单位：毫米）

图 5-2-9　亲水步道护栏处理

2）观赏型水域

（1）保证湿地系统完整性。对原有水文、土壤、动植物情况进行调研，禁止大面积破坏原有湿地滩涂景观风貌，保证湿地滩涂生态功能。

（2）建设湿地公园，展示湿地生态系统的多样性，为居民提供康乐活动区域，提供教育机会以及加强居民对于湿地生态系统的认识。

（3）植物种植以乡土植物为主要树种，且要考虑不同水深的水生植物种植，打造水乡景观风貌（图 5-2-10）。

望牛墩水乡公园湿地功能多样

蔡白村湿地景观

植物中文名	学名	适种水深（厘米）	种植密度
菖蒲	*Acorus calamus* L.	5~20	20株/平方米
马蹄莲	*Zantedeschia aethiopica*（L.）Spreng.	10	10株/平方米
千屈菜	*Lythrum salicaria* L.	5~10	10株/平方米
再力花	*Thalia dealbata* Fraser	10~40	4丛/平方米
香蒲	*Typha orientalis* C.Presl	7~20	10株/平方米
美人蕉	*Canna indica* L.	3~10	10丛/平方米
粉美人蕉	*Canna glauca* L.	3~10	10丛/平方米
荷花	*Nelumbo* sp.	70以下	6株/平方米
睡莲	*Nymphaea* L.	60以下	6株/平方米
金鱼藻	*Ceratophyllum demersum* L.	100以内	10丛/平方米

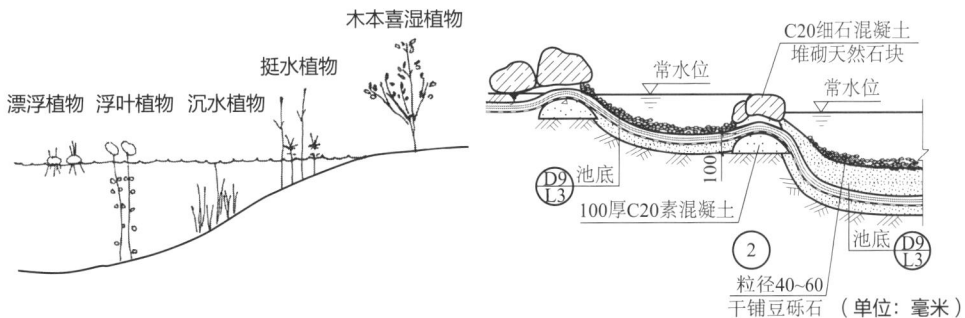

图 5-2-10　观赏型水域处理

3）生产型水域

（1）生态性。清理淤泥、改善植被情况，结合种植、养殖，提升基塘景观风貌。

（2）生产性。提倡复合型种植、养殖系统，将果树种植、家禽养殖、鱼类养殖等相结合，提升经济型价值。

（3）生活性。水塘在经济生产的同时，也可以满足村中居民、游客的需求，用作观赏、体验之途（图5-2-11）。

图 5-2-11　赤窖村现状问题及参考案例

5.2.2 人文景观资源

1. 人文景观资源总体要求

优先保护非物质文化遗产空间，保育传统文化空间，注重塑造现代文化空间。

在保护建（构）筑物实体、非物质文化遗产的基础上，加强对建筑、空间所承载的反映乡村文化景观公共活动的保护，将文化景观作为反映乡村美好记忆的呈现，塑造独具地域文化特色的场所精神。

乡村文化景观营造应延续传统空间肌理，反映传统文化内涵，融合时代特征，表达地域民俗风情。

在保护文化景观空间的同时，可适当增加现代设施，提升空间的舒适性，渲染积极向上的氛围（图 5-2-12）。

图 5-2-12　水南村宗祠及前广场

2. 人文景观资源类型

根据文化景观空间的使用情况，可分为传统文化空间、现代人文空间、非物质文化遗产传承空间三种类型（表 5-2-2、图 5-2-13）。

人文景观资源类型　　　　　　　　　　　表 5-2-2

类型	类型简述
传统文化空间	承载传统公共活动的文化空间
现代人文空间	承载现代公共活动的文化空间
非物质文化遗产传承空间	承载非物质文化遗产传承的文化空间

图 5-2-13　潢涌宗祠

1）传统文化空间

（1）祠堂前

①保留村落原有肌理，延续宗祠在聚落结构上的轴线、向心的核心位置。水乡应能保留宗祠与河涌的密切关系。

②保留传统风貌要素，包括旗杆石、功名碑、古树、铺装等，对于破坏风貌的违规建筑、设施应清理、拆除。

③将其进行活化利用，在广场边界增加遮阴乔木、座椅，提升宗祠前广场的利用率（图 5-2-14）。

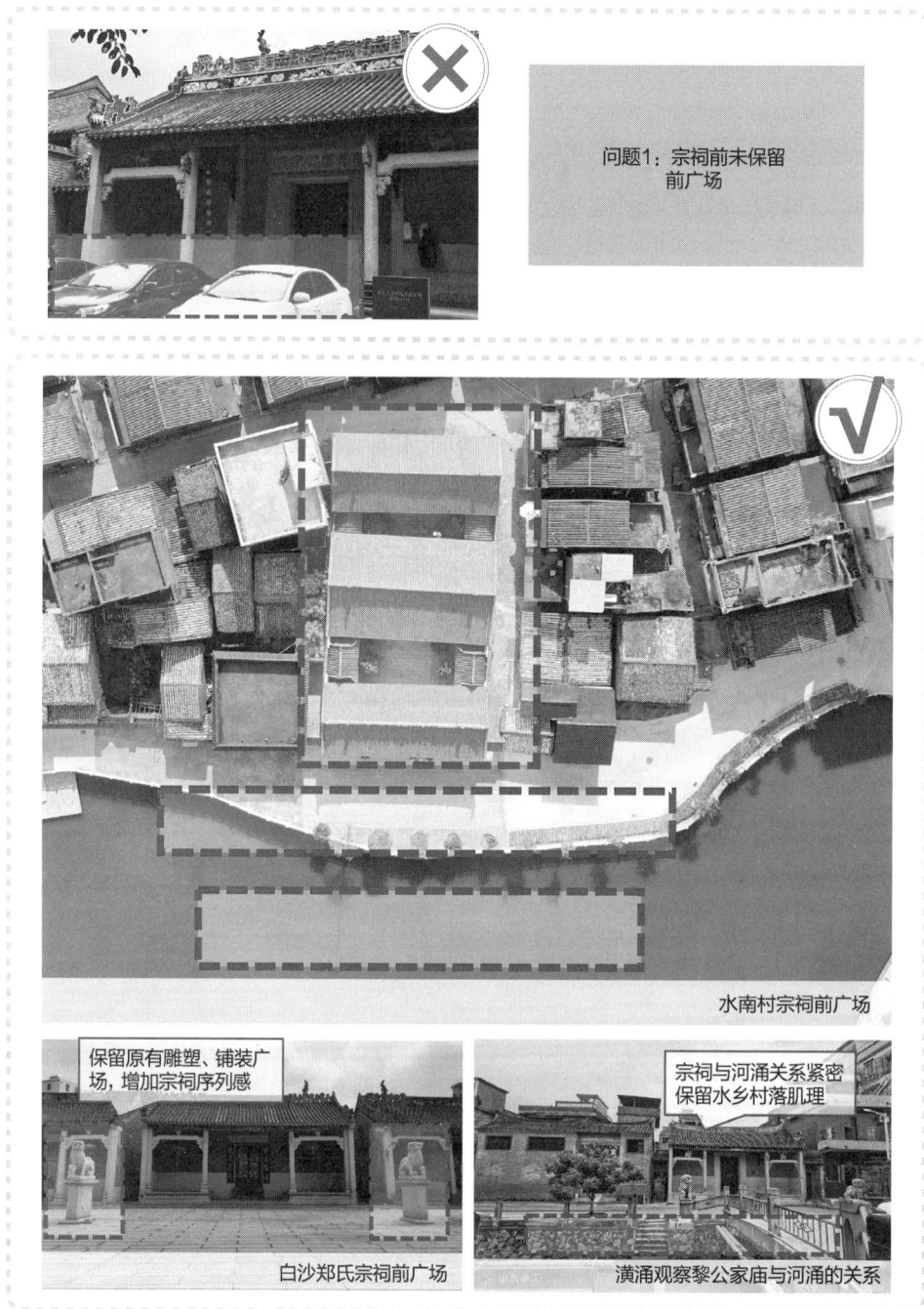

图 5-2-14　水南村宗祠前广场

（2）水塘边

①宗祠前的池塘应延续其传统形态。

②可在水塘边设置阶梯式亲水平台，丰富滨水体验；并且种植多种水生植物，提升水塘边景观风貌。

③设置栏杆保障安全，并且采用轻盈、灵动的栏杆造型，切忌厚重、敦实的栏杆造型（图5-2-15）。

图 5-2-15　水南村滨水栏杆设置

（3）古树下

①保护古树。设计时不得伤害古树根系，要保护古树正常生长。

②可在古树下设置林荫广场，布置座椅、健身设施丰富公共空间。

③保护并修缮树下原有的石椅、石凳（图5-2-16）。

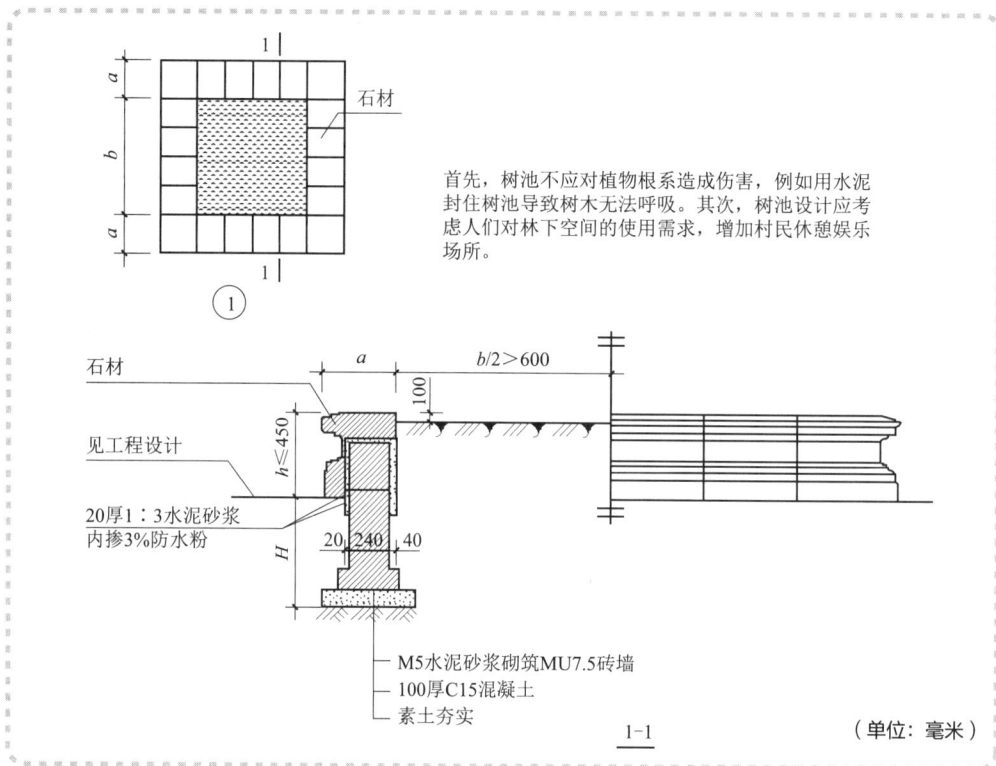

首先，树池不应对植物根系造成伤害，例如用水泥封住树池导致树木无法呼吸。其次，树池设计应考虑人们对林下空间的使用需求，增加村民休憩娱乐场所。

图5-2-16　南社村古树保护措施

2）现代人文空间

涵盖中华人民共和国成立后至改革开放前兴建的建筑，包括公社礼堂、牌坊、博物馆等。

①保护其历史风貌，包括标语、画像、广场等。

②进行活化利用，可用于乡村图书馆、村史馆、会议室、展示厅等。

③保护其特定历史时期的整体风貌，包括建筑与广场的关系、设施等（图 5-2-17）。

图 5-2-17　浙江大竹园村乡村礼堂

3）非物质文化遗产传承空间

①依托于物质空间进行静态展示，并结合节庆活动进行动态展示，从而达到保护、传承的目的。

②可利用公共建筑，如宗祠、村史馆等进行静态展示。

③在节日、特殊时间节点，可通过举办活动、比赛、仪式的方式进行动态展现（图5-2-18）。

图 5-2-18 非物质文化遗产保护传承

5.2.3 乡村建筑

1. 总体指引

建筑形态与风格：灵动秀美，水乡人家。

水乡片区河涌密布，村落与不同类型的水域联系紧密，建筑常常沿河涌分布。因此，在风貌管控时，应突出水乡片区灵动、秀美的风貌特征，注重建筑与水之间的相互关系。

传统水乡片区建筑以黑、白、灰为主色调，辅以红砂岩为装饰，形成水乡景观与白墙、灰瓦相映，色调雅素明净。

2. 乡村建筑类型

根据乡村建筑的使用性质，可分为农房建筑、公共建筑、生产建筑三种类型（表 5-2-3，图 5-2-19）。

乡村建筑类型分类表 表 5-2-3

乡村建筑类型	类型简述
农房建筑	村内居住功能的建筑
公共建筑	供人们进行各种公共活动的建筑
生产建筑	工业生产建筑和农业生产建筑

图 5-2-19　农房建筑、公共建筑、生产建筑

1）农房建筑

农房建筑宜采用开敞通透的布局，强化与水体空间的有机联系风格类型可参考广府民居或传统中式建筑风格，采用韵律感的栏杆、护栏，增强临水凭栏之感，以凸显岭南水乡特色风貌（图5-2-20～图5-2-23）。

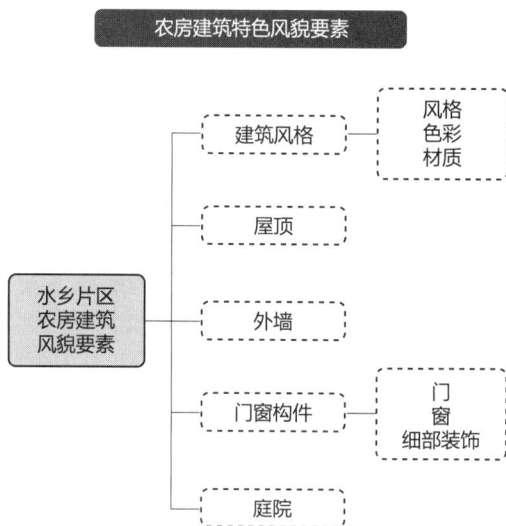

图 5-2-20　农房建筑特色风貌要素

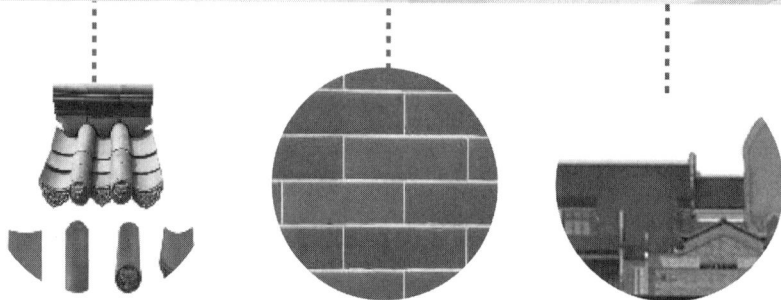

图 5-2-21　水南村农房建筑

传统水乡农房建筑风格现状

色调以黑白灰为主，坡屋顶和平屋顶相结合，开窗大，栏杆轻盈

既有建筑现状

水乡风貌不突出

图 5-2-22　传统水乡农房建筑风格现状

新建农房建筑风格现状

存在混搭、废弃、破损等问题

风格轻盈，简洁明快

图 5-2-23　新建农房建筑风格现状

（1）材质及色彩（图 5-2-24）

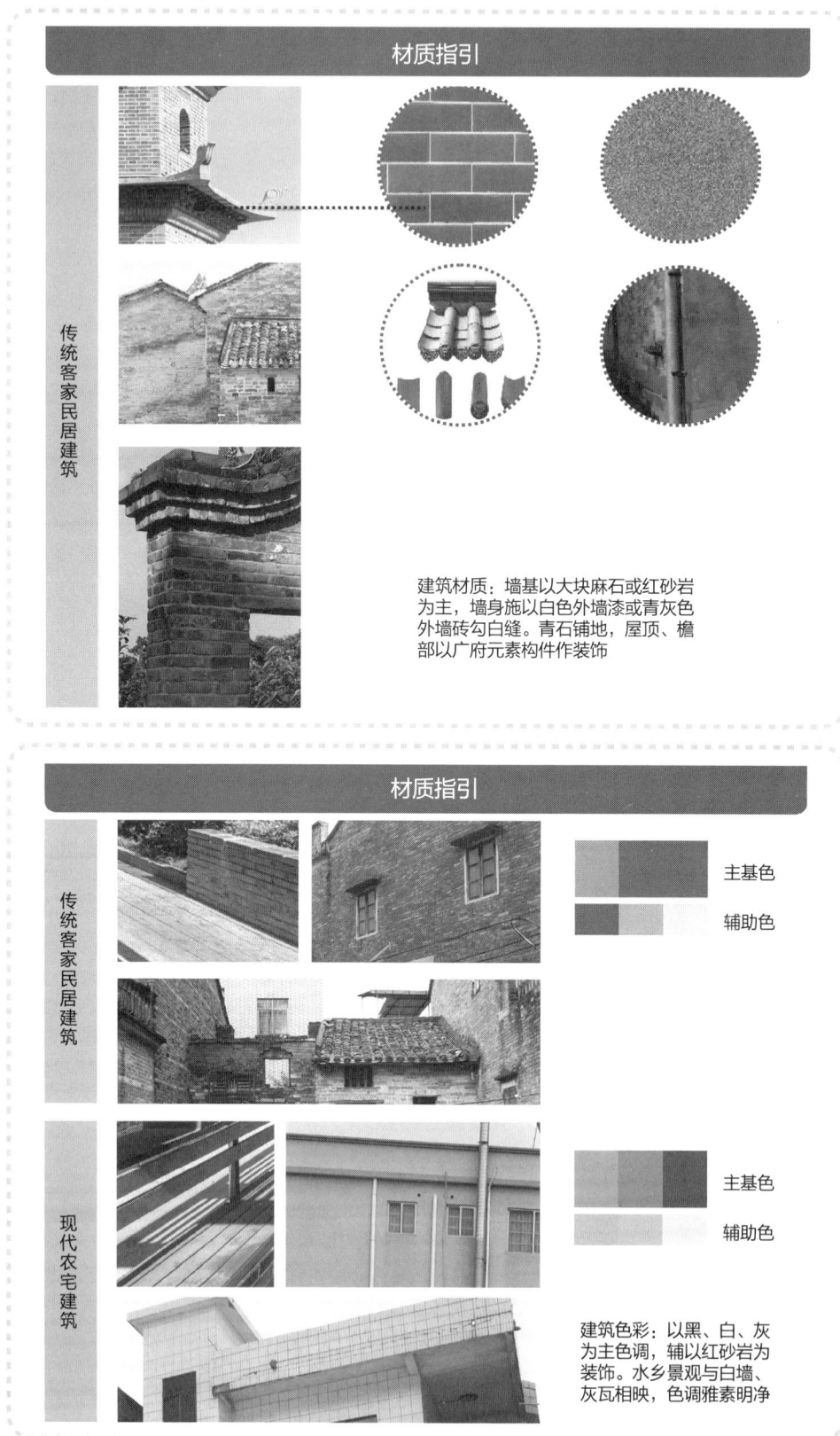

材质指引

传统客家民居建筑

建筑材质：墙基以大块麻石或红砂岩为主，墙身施以白色外墙漆或青灰色外墙砖勾白缝。青石铺地，屋顶、檐部以广府元素构件作装饰

材质指引

传统客家民居建筑

主基色
辅助色

现代农宅建筑

主基色
辅助色

建筑色彩：以黑、白、灰为主色调，辅以红砂岩为装饰。水乡景观与白墙、灰瓦相映，色调雅素明净

图 5-2-24　农房建筑材质指引

（2）屋顶（图 5-2-25）

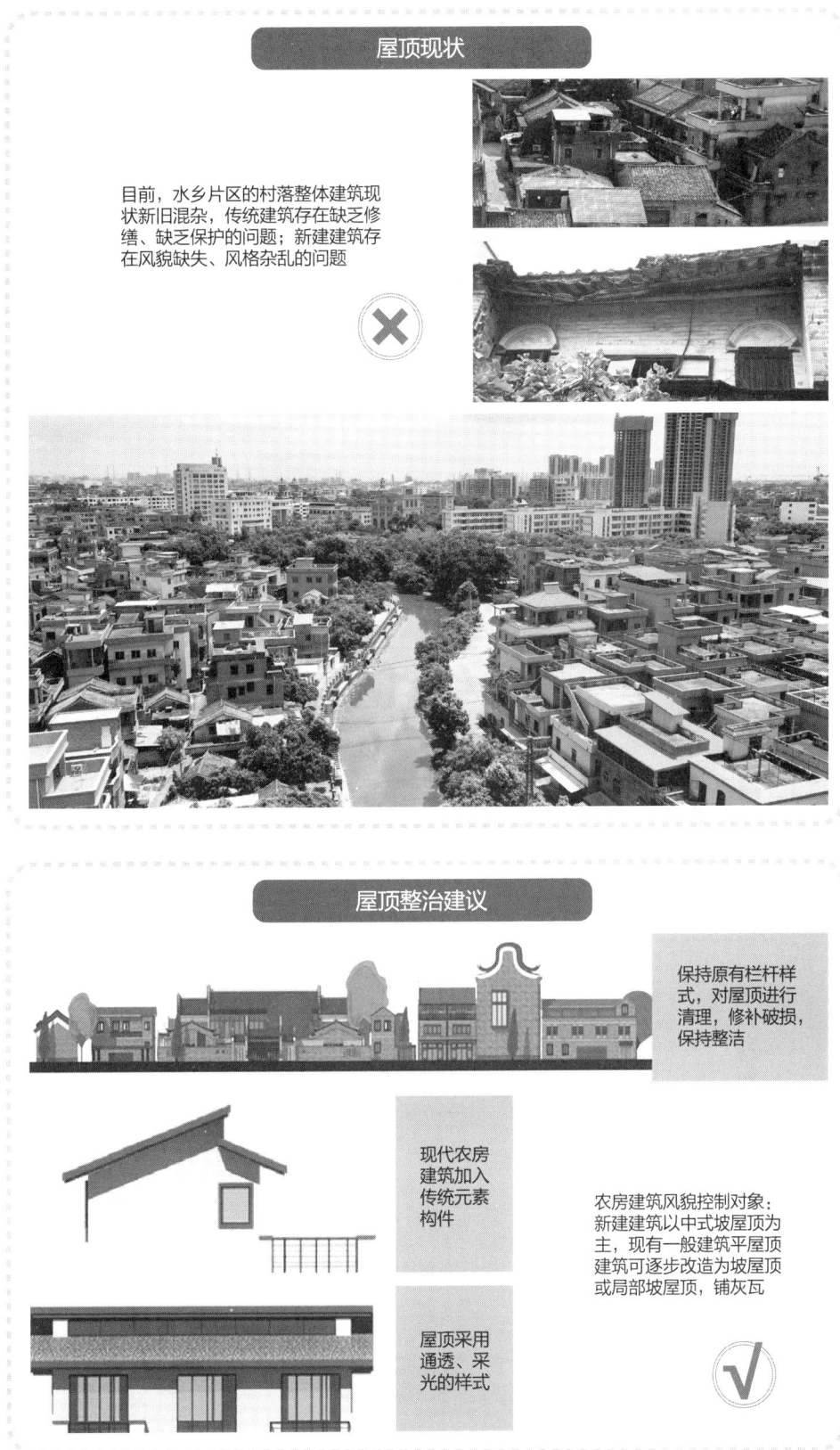

屋顶现状

目前，水乡片区的村落整体建筑现状新旧混杂，传统建筑存在缺乏修缮、缺乏保护的问题；新建建筑存在风貌缺失、风格杂乱的问题

屋顶整治建议

保持原有栏杆样式，对屋顶进行清理，修补破损，保持整洁

现代农房建筑加入传统元素构件

屋顶采用通透、采光的样式

农房建筑风貌控制对象：新建建筑以中式坡屋顶为主，现有一般建筑平屋顶建筑可逐步改造为坡屋顶或局部坡屋顶，铺灰瓦

图 5-2-25　屋顶现状及整治建议

（3）外墙（图 5-2-26）

清理与拆除

拆除

拆除此类已破败不堪的农宅，重建适合村民居住的新式住房

修缮与翻新

修缮

翻新

美化与特色风貌营建

破损、杂乱

采用传统乡土材料　墙画：彩绘、拼贴、马赛克　色调统一，和谐

图 5-2-26　外墙拆除与翻新

（4）门窗及庭院（图 5-2-27）

门窗改造建议

下坝村农房窗

蔡白村农房窗

对于传统农房的门窗处理应保护原有门窗风貌
进行清理、修复，以保护为主

对于现代新建农房门窗应统一风格，颜色与建筑整体搭配
色彩搭配灵动、轻盈

庭园改造建议

过云山居苏州太湖三山岛改造

庭园改造可结合农房自身特点，可结合植物种植、山石摆放、
座椅摆件放置增加庭园丰富度，并且结合水乡的特点，在材质
上选择轻盈、通透的材料

图 5-2-27　门窗及庭院改造建议

2）公共建筑

总体指引：乡村公共建筑应加强对传统风貌建筑的修复，防止其进一步损坏，对需要更新的部分进行适当修整，体现历史风貌。

新建建筑应反映时代特征，注意与区域整体功能需求相结合，同时与地区整体风貌相协调，鼓励使用新技术、新工艺、新材料（图5-2-28、图5-2-29）。

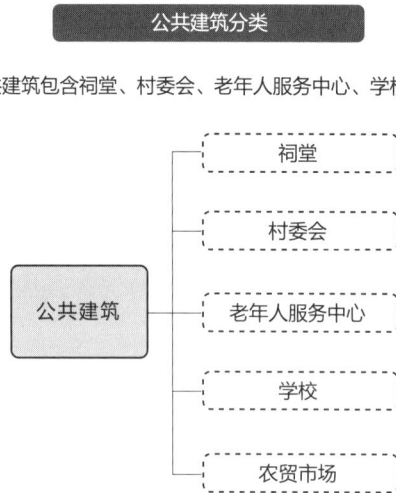

图 5-2-28　公共建筑分类

图 5-2-29　公共建筑问题及解决措施

（1）宗祠（图 5-2-30）

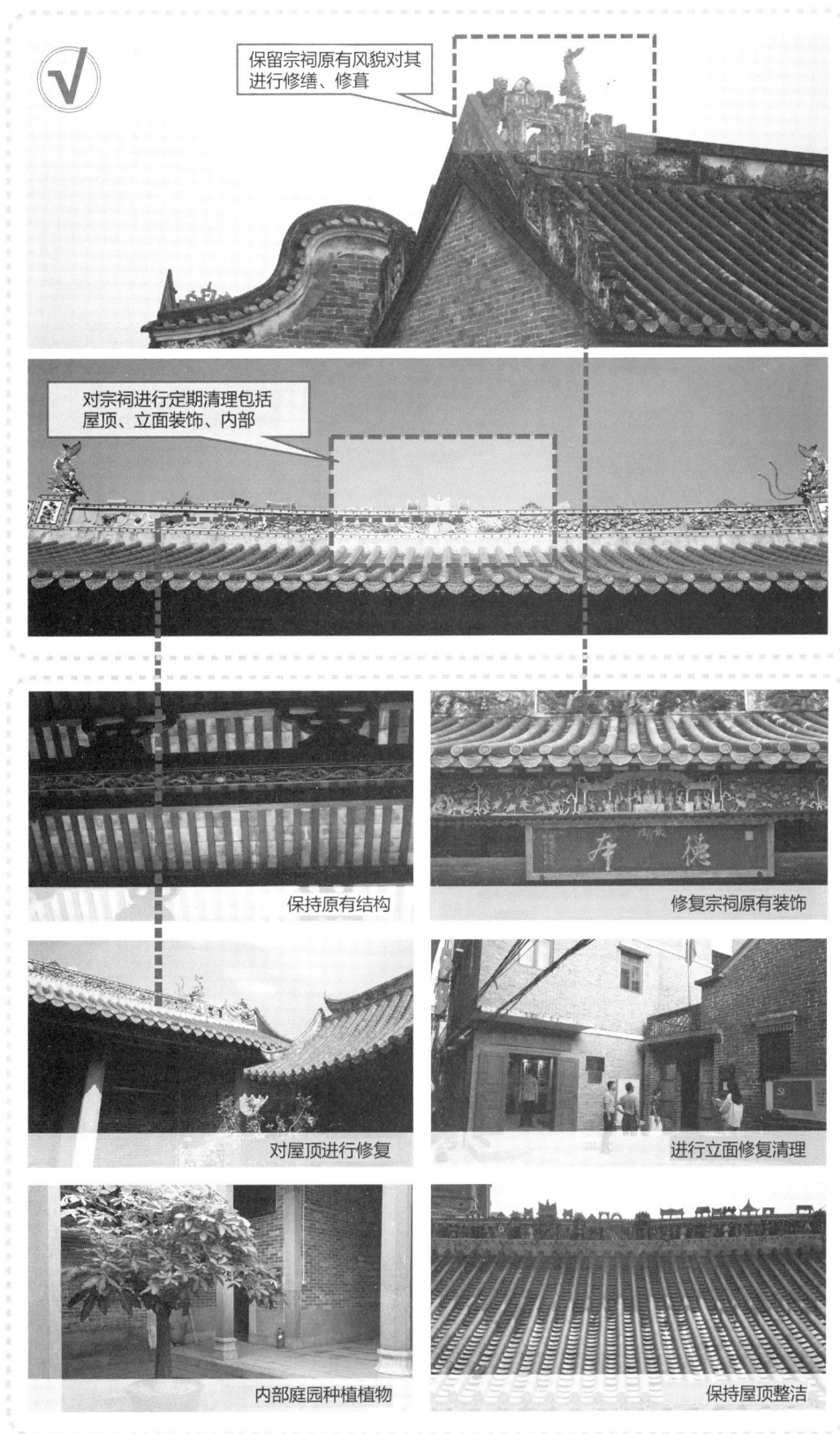

保留宗祠原有风貌对其进行修缮、修葺

对宗祠进行定期清理包括屋顶、立面装饰、内部

保持原有结构

修复宗祠原有装饰

对屋顶进行修复

进行立面修复清理

内部庭园种植植物

保持屋顶整洁

图 5-2-30　宗祠改造措施

3）生产建筑

生产型厂区控制指引：

①拆除废弃厂区。

②保留功能完好的旧厂房，提高利用率，对其进行清洁、翻新工作（图5-2-31）。

图 5-2-31　生产建筑现状及改造措施

5.3 山林野趣类

山林野趣类片区风貌特征：玉带系腰，显山透绿。在连绵起伏的山体映衬下，溪流环绕的客家山乡风貌，主要历史资源为洪屋涡村、谢岗村、赤滘村、黄洞村等广府、客家古村。村落山环水抱，建筑依山就势，呈线性分布，建筑在空间序列中呈现并列式组合。有祠堂、教堂、碉楼、书室、古民居等多种建筑类型。乡村景观错落有致，周边树木丛生，生态环境怡人。

5.3.1 自然生态景观

1.山林风貌总体要求

1）生态维育

禁止擅自挖掘山体、取土采石开矿、建造坟墓、砍伐或移植树木、滥砍滥伐、堆放垃圾等；注意村庄和山林之间的缓冲景观塑造，增设休闲设施，鼓励采用乡土植物，突出四季季相，营造当地特色林地景观。

2）美化利用

在生态保护的基础上，适当对山体进行彩化和美化，注重山体景观的艺术性体现。

3）适度开发

鼓励结合村庄风水林或村庄附近的山林建设乡村公园，利用乡土植被、乡土材料，结合现有的山路设置景观步道，利用闲置荒地修建观景平台，并合理配置与山林环境相协调的休闲游憩设施。

2.林地类型

山林片区内主要自然生态景观以山林为主，根据林地风貌现状，又分为自然生态林和果树经济林两种类型（表5-3-1、图5-3-1～图5-3-4）。

林地类型 表 5-3-1

林地类型	类型简述
自然生态林	以木本植物为主体的生物群落，具有原生态结构，随地形起伏形成优美的山体轮廓线
果树经济林	以经济生产为主要目的的人工林，具有可控和农业旅游特点，可承担教育、科研等社会功能

图 5-3-1 清溪铁场村山林风貌

图 5-3-2 谢岗镇谢岗村山林风貌

自然生态景观特色风貌要素

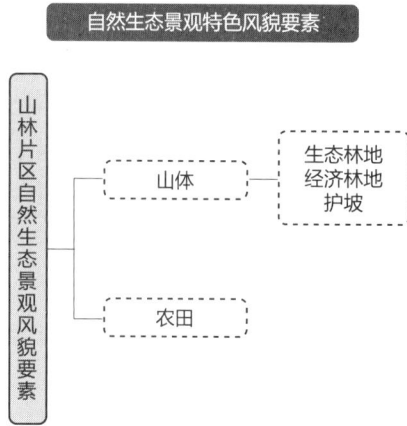

图 5-3-3　自然生态景观特色风貌要素

清溪镇铁场村山林风貌

生态林地　　经济林地　　护坡/挡土墙　　农田

清溪镇铁场村　　清溪镇铁场村　　清溪镇铁场村　　清溪镇铁场村

图 5-3-4　清溪镇铁场村山林风貌

3. 山林风貌

保护山林自然风貌，实现控制优先、美化绿化、适度开发三要点（图 5-3-5、图 5-3-6）。

山林复绿

采用行内株间混交、三角形配置的方法，上下不成列，以利于树冠的完整发育和水土保持。为尽早郁闭成林，适度加大造林密度，具体依据树种和立地条件而定，其中开垦山的行距依坡耕地的宽度而定

| 樟树 | 山杜英 | 樟叶槭 | 檫树 |

图 5-3-5　山林复绿

山林美化

| 生态林地 | 经济果林 | 林中栈道 | 自然放坡 |

清溪镇铁场村山林风貌

图 5-3-6　山林美化

213

4.农田风貌

1）延续肌理

优先保护田园景观的原真性、整体性和乡土性，不得随意破坏田园的地形地貌和历史界线，延续沙田、虾塘、果林、茶园、油茶林、桑基鱼塘等原有田园肌理。保护和修缮既有的田埂、沟渠等农业景观设施。

2）美化提升

景观型田园可引入艺术创意的田园种植，展现村庄历史、农耕文化、时代主题特征，勾勒出平面、立体的画卷，形成花田、荷塘等多彩的特色田园景观（图5-3-7、图5-3-8）。

延续肌理

清溪镇铁场村农田风貌　　　　源城陂角村农田风貌

图5-3-7　延续肌理

美化提升

遂昌新路湾镇焦川村农田风貌

农作物合理规划　　　田间道景观美化　　　农田沟渠整治提升

图5-3-8　美化提升

5.3.2 人文景观资源

1. 人文景观资源风貌总体要求

优先保护非物质文化遗产空间，保育传统文化空间，注重塑造现代文化空间。

①在保护建（构）筑物实体、非物质文化遗产的基础上，加强对建筑、空间所承载的反映乡村文化景观的公共活动的保护，将文化景观作为反映乡村美好记忆的呈现，塑造独具地域文化特色的场所精神。

②乡村文化景观营造应延续传统空间肌理，反映传统文化内涵，融合时代特征，表达地域民俗风情。

③在保护文化景观空间的同时，可适当增加现代设施，提升空间的舒适性，渲染积极向上的氛围。

2. 人文景观资源类型

根据文化景观空间的使用情况，可分为传统文化空间、现代人文空间两种类型（表5-3-2、图5-3-9～图5-3-12）。

人文景观资源类型 表 5-3-2

人文景观资源类型	类型简述
传统文化空间	承载传统公共活动的文化空间
现代人文空间	承载现代公共活动的文化空间

清溪镇铁场村祠堂前广场

清溪镇铁场村红色文化广场

图 5-3-9　人文空间案例

人文景观资源特色风貌要素

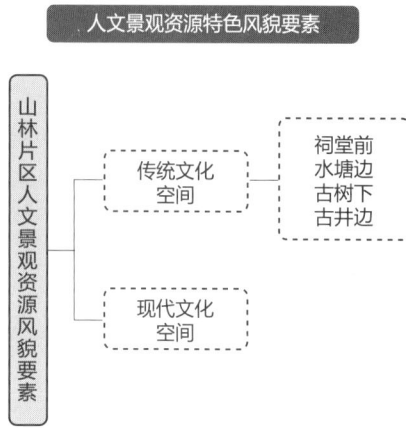

图 5-3-10　人文景观资源特色风貌要素

传统文化空间——祠堂前、古井边

图 5-3-11　传统文化空间

清溪镇铁场村　　　　　　时岗镇谢岗村　　　　　清溪镇铁场村

传统文化空间——水塘边　　传统文化空间——古树下　　现代文化空间

图 5-3-12　现代文化空间

1）传统文化空间——祠堂前

①保留村落原有肌理，延续宗祠在聚落结构上的轴线、向心的核心位置。

②保留传统风貌要素，包括旗杆石、功名碑、古树、铺装等，对于破坏风貌的违章建筑、设施应清理、拆除。

③将其进行活化利用，在广场边界增加遮阴乔木、座椅，提升宗祠前广场的利用率（图 5-3-13）。

图 5-3-13　祠堂前活化利用案例

2）传统文化空间——水塘边

①种植多种植物，提升水塘边景观风貌。

②宜采用粗犷、朴素的栏杆造型。

③可设置富有野趣的亲水平台、景观亭等（图5-3-14～图5-3-16）。

图5-3-14　植物配置

图5-3-15　栏杆造型

景观亭和亲水平台

清溪镇铁场村

谢岗镇谢岗村水塘边

❌ 色彩与传统建筑不匹配

✓ 色彩与传统建筑匹配

梅宁吉湖滨栖息地修复项目

梅宁吉湖滨栖息地修复项目

✓ 景观亭形式、色彩与传统建筑相适应；亲水平台富于山林野趣

图 5-3-16　景观亭和亲水平台

3）传统文化空间——古树下

①保护古树。设计时不得伤害古树根系，要保护古树正常生长。

②可在古树下设置林荫广场，布置座椅、健身设施，丰富公共空间（图5-3-17）。

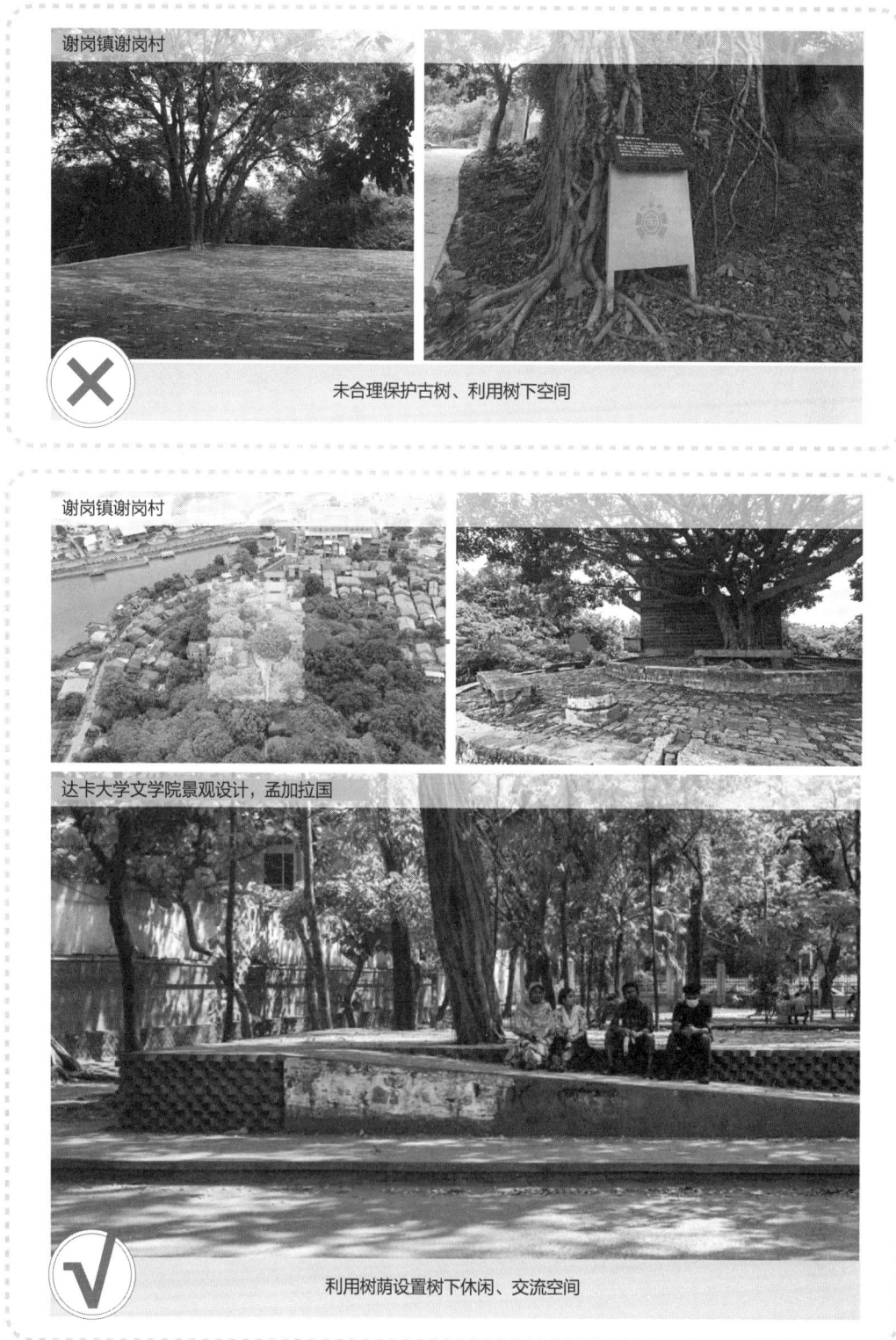

图 5-3-17　古树下文化空间保护策略

4）传统文化空间——水井边

①保护整治，延续原有水井材质，保留其原有风貌。在保护基础上，保持古井周边环境整洁，并且加装标识设施保障村民安全。

②美化提升，增设小品，增加趣味性（图 5-3-18、图 5-3-19）。

图 5-3-18　保护整治

图 5-3-19　美化提升

5）现代文化空间

涵盖中华人民共和国成立后至改革开放前兴建的建筑。包括公社礼堂、牌坊、博物馆等。

①保护其历史风貌，包括标语、画像、广场等。

②进行活化利用，可用于乡村图书馆、村史馆、会议室、展示厅等（图5-3-20）。

在原址上进行红色文化广场建设

设计景墙

图 5-3-20　现代文化空间案例

5.3.3 乡村建筑

1. 乡村建筑风貌总体要求

建筑形态与风格：山野奇趣，客家闲居。

①山林绿野型建筑，由于地势为坡地关系，村落布局常呈现不规则状，新建建筑应以客家传统民居风格为主，注重建筑与山、林、田、溪的相互关系，风格质朴率真。

②传统客家建筑墙体以象牙白、浅黄色为主，屋顶以灰黑色为主，基座常见青色，门窗常用朱红色，整体呈粉墙黛瓦、色调雅素明净的古韵，与周围自然环境结合起来，形成景色如画的山林野趣，新建建筑风貌上宜提取传统建筑的文化元素进行创新，使传统历史建筑元素在建筑风貌中进行还原重构。

③加强对传统风貌建筑的修复，防止进一步损坏，对需要更新的部分进行适当修整，体现历史风貌。

新建建筑应反映时代特征，注意与区域整体功能需求相结合，同时与地区整体风貌相协调，鼓励使用新技术、新工艺、新材料。

2. 乡村建筑资源类型

根据乡村建筑的使用性质，可分为农房建筑、公共建筑、生产建筑三种类型（图 5-3-21）。

农房建筑（惠州秋长谷里）

公共建筑（樟木头镇官仓社区）

生产建筑（清溪镇铁场村）

图 5-3-21　乡村建筑资源类型案例

1）农房建筑

山林片区农房建筑应注重与山体、道路的有机融合，以契合客家建筑风貌为导向，建筑材料应选用体现山林特色的当地材料，诸如碎石、夯土、木竹等。主色调采用象牙白墙、灰黑顶、青色基座与朱红门窗，形成粉墙黛瓦的素雅风格，与自然环境相映成趣（图5-3-22、图5-3-23）。

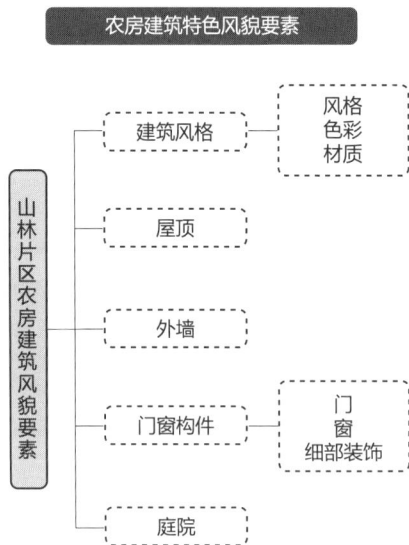

图 5-3-22　农房建筑特色风貌要素分类

图 5-3-23　清溪镇铁场村农房建筑

（1）建筑风格（图 5-3-24～图 5-3-26）

图 5-3-24　传统建筑风格

图 5-3-25　既有建筑风格现状

图 5-3-26　新建建筑风格现状

①材质指引：选用山林片区传统材料。

②色彩指引：色彩上应低调淳厚，采用黄、白、褐等客家传统民居常用色彩（图5-3-27、图5-3-28）。

图 5-3-27 材质指引

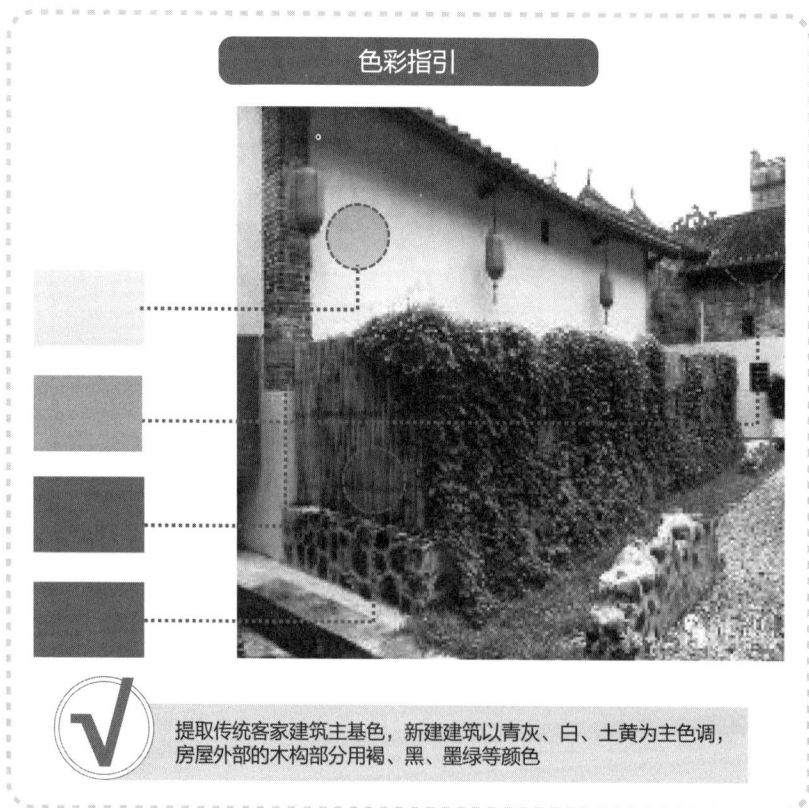

图 5-3-28 色彩指引

（2）屋顶现状

传统建筑中屋顶是传统木构建筑技术发展的表征与民族审美文化的体现。在东莞城乡融合发展飞速发展的同时，乡村自发营建中对屋顶形态的忽视是显而易见的，"简单粗暴"的平屋顶遍地开花，传统村落屋顶破损修缮处采用的形式多与传统形制不符（图 5-3-29）。

图 5-3-29　屋顶整治建议

屋顶形态一定要与自然环境和传统的建造方式相结合，坡屋面的形式是可取方式之一。村落中的既有平屋顶可适当改造成为坡屋面，既有利于隔热排水，又与传统形式相吻合，但坡度不宜过大甚至成为欧式尖顶造型（图 5-3-30）。

图 5-3-30　屋顶整治建议

（3）外墙（图 5-3-31、图 5-3-32）

图 5-3-31　外墙清理与拆除修缮与翻新

图 5-3-32　外墙美化与特色风貌营建

（4）门窗构件

①修复破损的门、窗、栏杆、楼梯等构件。

②优化细部彩绘、雕塑（图 5-3-33）。

破损，无法满足现代生活需求

利用现代材料和技术修复美化门窗构件

图 5-3-33　外墙美化与特色风貌营建

（5）庭院

①丰富庭院绿化，种植富有观赏性的植物。

②运用富有山林野趣的铺装、围栏、围墙门等（图5-3-34）。

图5-3-34　庭院案例

2）公共与生产建筑分类（图 5-3-35、图 5-3-36）

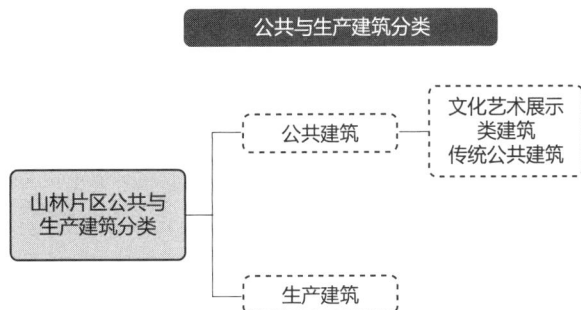

图 5-3-35　公共与生产建筑分类

樟木头镇官仓社区村史馆

图 5-3-36　公共建筑案例

（1）文化艺术展示类建筑

①运用现代技术手法和材料模仿传统建筑形制。

②运用传统材料结合现代材料，形式上也可将传统与现代风格结合起来（图5-3-37）。

图 5-3-37　文化建筑现状及参考案例

（2）传统公共建筑风貌

①承袭传统公共建筑（祠堂）等形制、色彩、材质。

②修复受损的屋顶、墙面，修补细部装饰；拆除与传统公共建筑风貌不相符的部分（图 5-3-38）。

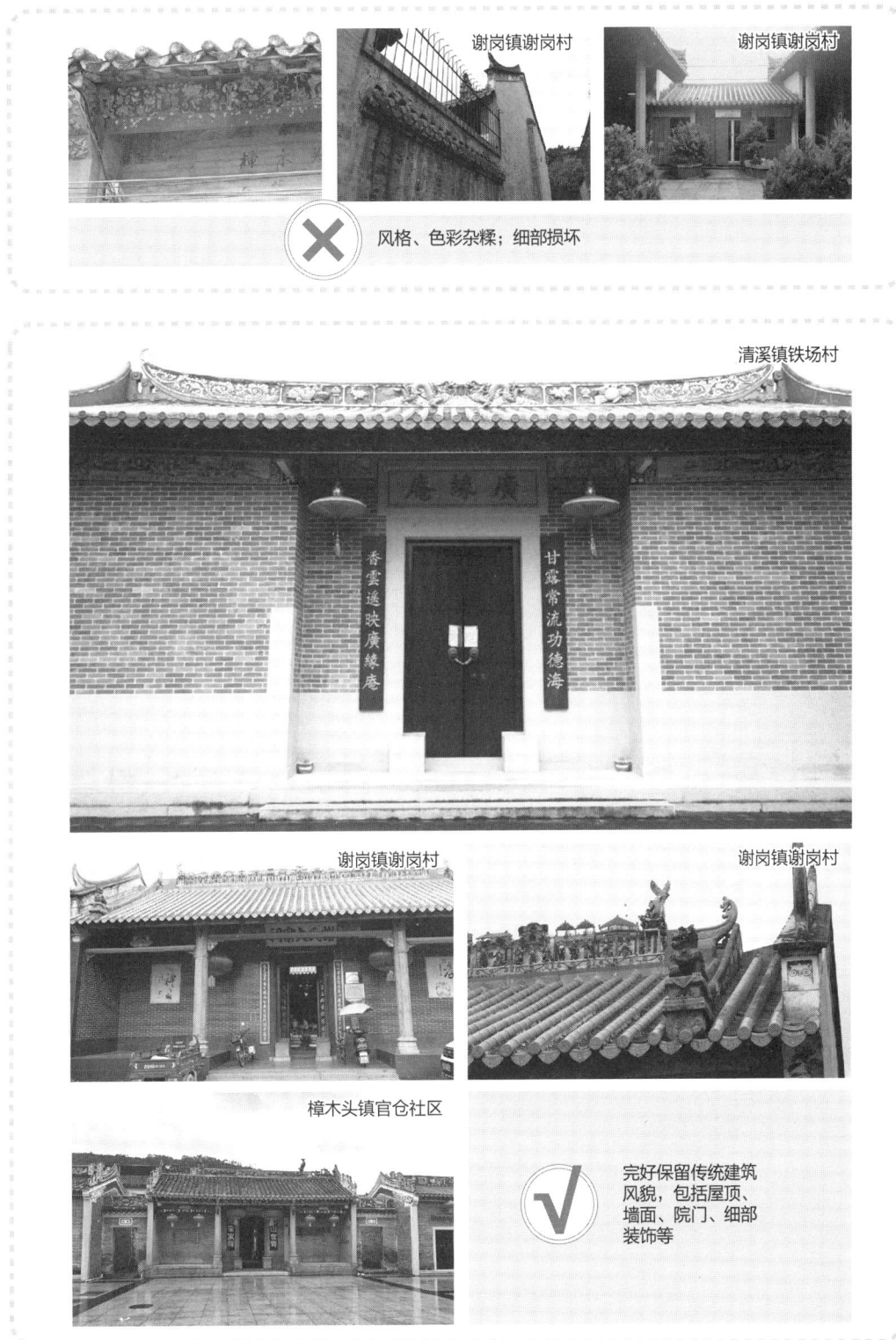

图 5-3-38　传统公共建筑现状及参考案例

（3）生产建筑

①农业生产建筑风格应统一，力求与环境融合，不突兀。

②运用现代环保材料，尽可能做到生态环保（图5-3-39）。

清溪镇铁场村

✕ 屋顶颜色过于艳丽

清溪镇铁场村

谢岗镇谢岗村

清溪镇铁场村

√ 生产建筑形态与田垄纹理相适应且颜色低调

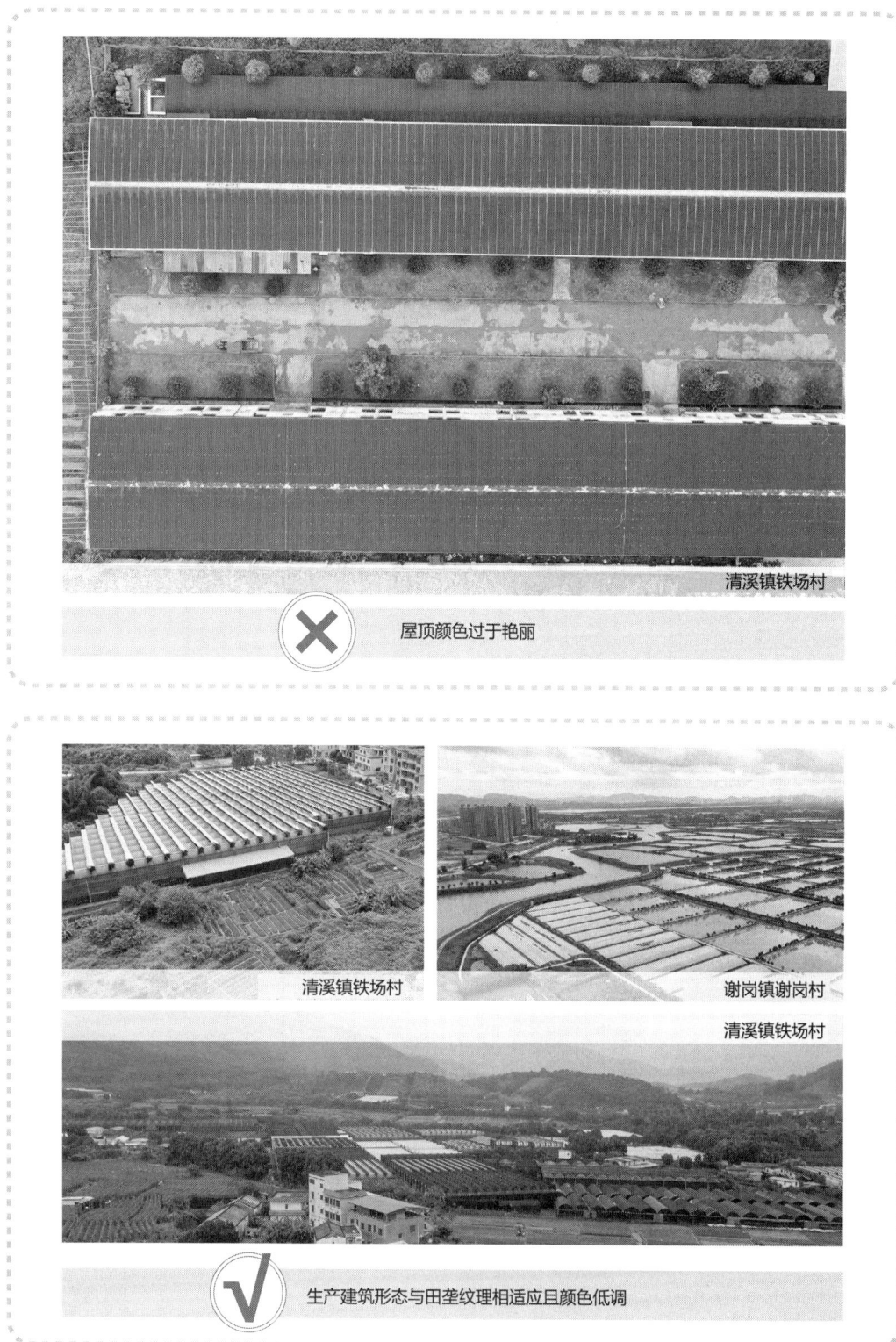

图 5-3-39　生产建筑现状及参考案例

5.4 滨海疍歌类

滨海疍歌类片区风貌特征：咸水耕种，疍歌传情。以依山面海、海岸风情为主要风貌特色。村落整体背山面水、错落有致的空间结构，海岸生态大地景观、滨海人文风情丰富多样，如水上疍家文化和近代海防文化古迹等。

5.4.1 自然生态景观

1. 水域景观提升总体指引

滨海疍歌风貌片区的自然生态景观特色风貌要素以水体为主，对于水域保护的总体要求应遵循生态原则、美观与实用原则、植物多样性原则。

①生态原则：在规划、使用过程中，应强调"创造性保护"，既要调动水域周边景观资源，又要保护地域性景观风貌。

②美观与实用原则：应注重融合审美功能和实用功能，打造滨海特色突出、飘逸明快、现代简洁的特色风貌。

③植物多样性原则：应注重滨水驳岸的植物种植设计，合理搭配立体植物种植。

2. 空间类型简述

根据水域的差异，分为自然型水域、观赏型水域和生产型水域三种类型（表 5-4-1、图 5-4-1～图 5-4-3）。

水域空间类型 　　　　　　　　　　　　　　表 5-4-1

水域空间类型	类型代表
自然型水域	海域、江流
观赏型水域	滩涂、驳岸
生产型水域	养殖水田

图 5-4-1　厚街镇新围社区

自然生态景观特色风貌要素

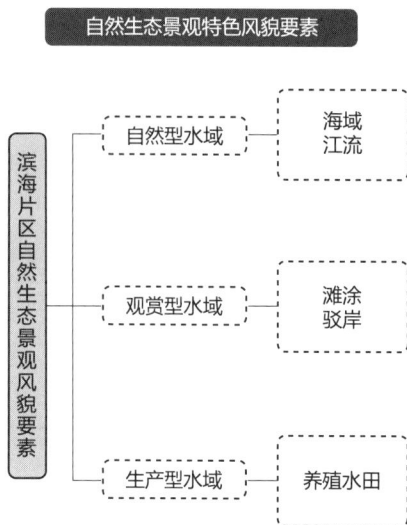

图 5-4-2　自然生态景观特色风貌要素

虎门镇新湾社区

| 海域 | 江流 | 滩涂 | 养殖水田 |

图 5-4-3　虎门镇新湾社区自然生态景观特色风貌要素

3. 基础策略

针对现有水岸未处理、滩涂及驳岸现状较为杂乱的情况，先对水岸区域进行清污，使其变得整洁干净。

4. 提升策略

①合理规划滨水区域景观；

②处理驳岸及滩涂，营造滨水缓坡草坪观赏或游玩空间；

③选择多类型的湿生植物合理配置植物层次（图5-4-4、图5-4-5）。

图 5-4-4　基础策略

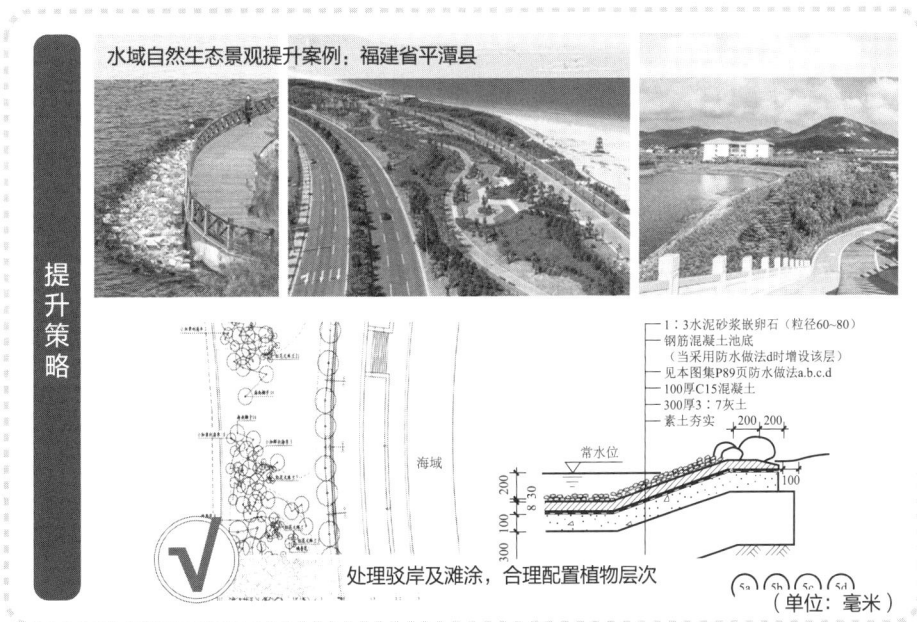

图 5-4-5　提升策略

5.4.2 人文景观资源

1.人文景观资源总体要求

优先保护非物质文化遗产空间，保育传统文化空间，注重塑造现代文化空间。

①在保护建（构）筑物实体、非物质文化遗产的基础上，加强对建筑、空间所承载的反映乡村文化景观的公共活动的保护，将文化景观作为反映乡村美好记忆的呈现，塑造独具地域文化特色的场所精神。

②乡村文化景观营造应延续传统空间肌理，反映传统文化内涵，融合时代特征，表达地域民俗风情。

③在保护文化景观空间的同时，可适当增加现代设施，提升空间的舒适性，渲染积极向上的氛围。

2.人文景观资源类型

根据文化景观空间的使用情况，可分为传统文化空间、现代人文空间、非物质文化遗产传承空间三种类型（表5-4-2、图5-4-6~图5-4-10）。

人文景观类型　　　　　　表5-4-2

人文景观类型	类型简述
传统文化空间	承载传统公共活动的文化空间
现代人文空间	承载现代公共活动的文化空间
非物质文化遗产传承空间	承载非物质文化遗产传承的文化空间

图5-4-6　厚街镇涌口社区海月岩

图5-4-7　虎门镇白沙社区郑公祠

图5-4-8　虎门镇白沙社区逆水流龟村堡

人文景观特色风貌要素

```
                    ┌─────────────┐      村落肌理
              ┌─────│ 传统人文空间  │─────  景观遗迹
              │     └─────────────┘      祠堂前
              │                          信仰空间
 ┌───┐        │
 │人 │        │     ┌─────────────┐      水岸平台
 │文 │        │     │ 现代人文空间  │─────  码头
 │景 │────────┼─────└─────────────┘      文化广场
 │观 │        │
 │风 │        │
 │貌 │        │     ┌─────────────────┐   咸水歌
 │要 │        └─────│非物质文化遗产传承空间│── 东莞龙舞
 │素 │              └─────────────────┘   舞木龙
 └───┘                                    …
```

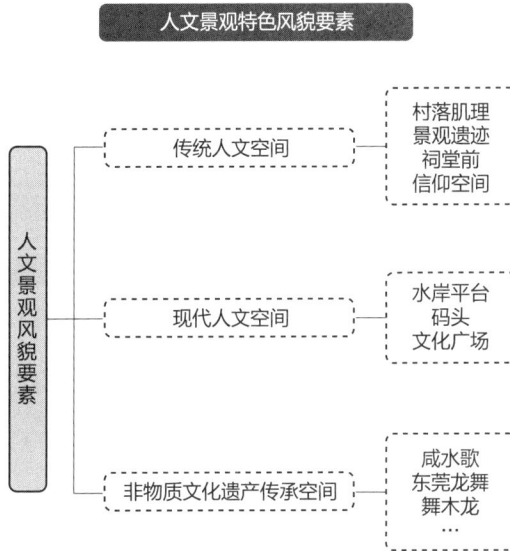

图 5-4-9　人文景观特色风貌要素

厚街镇涌口社区东社村

村落肌理　　　景观遗迹　　　水岸平台　　　文化广场

图 5-4-10　厚街镇涌口东社村人文景观特色风貌要素

1) 传统人文空间

滨海片区传统人文空间要素包括保留较为完整的村落肌理、景观遗迹、祠堂前以及民间信仰空间
（图 5-4-11、图 5-4-12）。

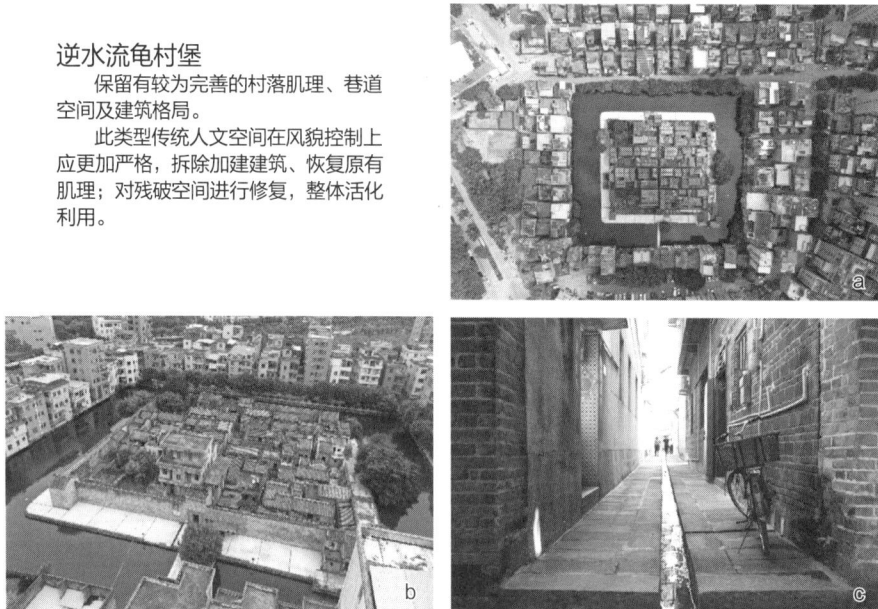

图 5-4-11　逆水流龟村堡村落肌理

图 5-4-12　海月岩、虎门古炮台景观遗迹

祠堂前为滨海片区村庄的重要传统人文空间类型之一。在特色风貌塑造中，应注意：

①按照规定保护范围保护祠堂前的公共空间。

②保留祠堂前的传统风貌要素，包括旗杆石、功名碑、古树、材质铺装等，对于破坏祠堂前风貌的违规建筑、设施应及时拆除、清理。

③对祠堂前公共空间进行活化利用，增加绿化及休闲设施，提高祠堂前空间的利用率（图 5-4-13、图 5-4-14）。

图 5-4-13　祠堂前现存问题

图 5-4-14　祠堂前提升建议

民间信仰空间作为滨海片区村庄的常见传统人文空间类型之一，在特色风貌塑造中不应忽视。需注意对民间信仰空间周围环境的营造，修整民间信仰空间构筑物，使其具有地域性特征，并适应现代化需求（图5-4-15、图5-4-16）。

图 5-4-15　民间信仰空间现状

图 5-4-16　民间信仰空间改造案例

2）现代人文空间

码头、水岸观景平台为滨海地区城乡最具特色的现代人文空间，关系到市民日常的生产生活，提升现代人文空间品质，对城乡特色风貌塑造具有重大价值（图 5-4-17～图 5-4-19）。

图 5-4-17　码头风貌提升指引

图 5-4-18　水岸平台提升指引

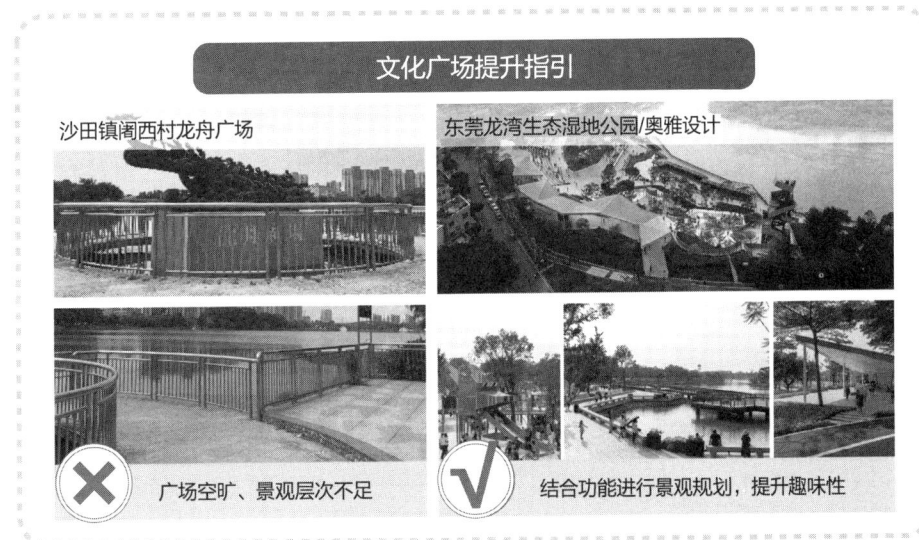

图 5-4-19　文化广场提升指引

3）非物质文化遗产

码头、水岸观景平台为滨海地区城乡最具特色的现代人文空间，关系到市民日常的生产生活，提升现代人文空间品质，对城乡特色风貌塑造具有重大价值（图5-4-20、图5-4-21）。

图 5-4-20　非物质文化遗产

图 5-4-21　承载非物质文化遗产活动的空间

5.4.3 乡村建筑

1. 总体指引

建筑形态与风格：飘逸明快，错落有致。滨海嗦歌风貌建筑风格应飘逸轻盈，色彩明快，布局依地势错落有致。强化大海、沙滩、渔港、石屋等滨海景观特色，建筑天际轮廓线较平缓。

在新建的传统风格建筑中搭配运用当地传统建筑材质及乡土材料，运用现代建造技术处理传统材料，并适当点缀现代材质。

2. 乡村建筑类型

根据乡村建筑的使用性质，可分为农房建筑、公共建筑、生产建筑三种类型（表 5-4-3、图 5-4-22～图 5-4-25）。

乡村建筑类型 表 5-4-3

乡村建筑类型	类型简述
农房建筑	村内居住功能的建筑
公共建筑	供人们进行各种公共活动的建筑
生产建筑	工业生产建筑和农业生产建筑

图 5-4-22　厚街镇涌口社区民居

图 5-4-23　虎门镇新港社区民居

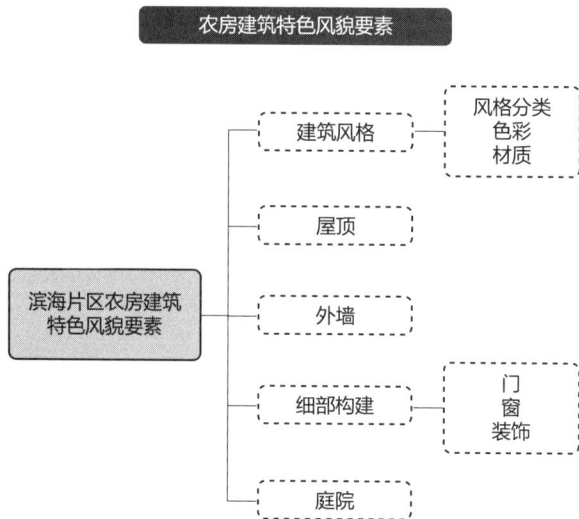

图 5-4-24　农房建筑特色风貌要素

图 5-4-25　虎门镇白沙社区特色风貌要素

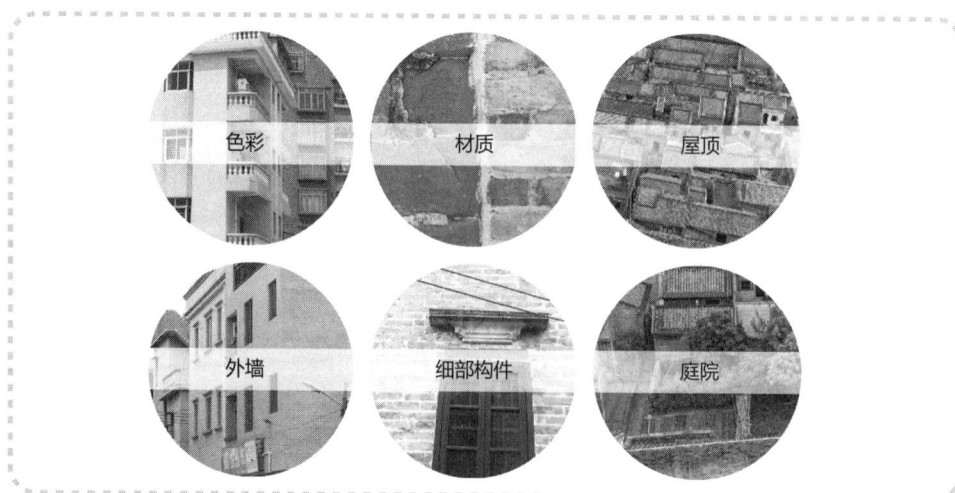

1）农房建筑

滨海片区农房建筑可分为传统风貌建筑、一般既有建筑和新建建筑三类。

（1）总体指引

对于传统风貌建筑，要秉持整体性的原则，对建筑本体主要采取保护与修缮措施；对于一般既有建筑，要秉持可操作性原则，对建筑风貌主要采取清理、整治、拆除工作；对于新建建筑，要秉持协调性的原则，传承地域文化特色，进行合理改造与美化（图 5-4-26、图 5-4-27）。

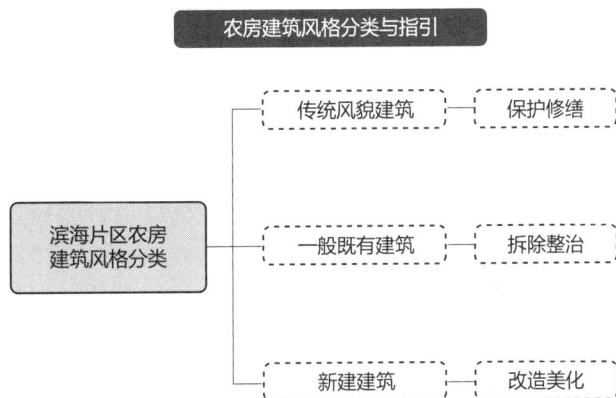

图 5-4-26　农房建筑风格分类与指引

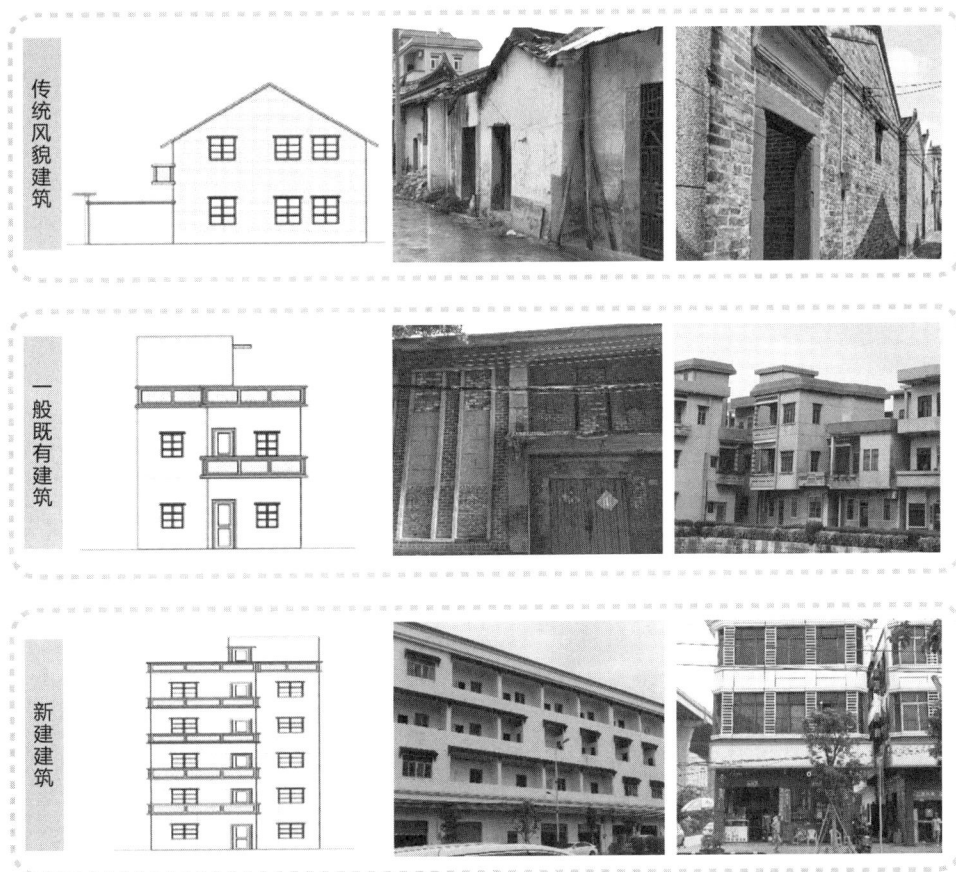

图 5-4-27　滨海片区农房建筑分类

（2）建筑色彩

滨海片区农房建筑色彩总体风格较为明快、疏朗（图5-4-28～图5-4-31）。

图5-4-28　农房建筑色彩风貌指引

传统风貌建筑色彩指引

✗ 未考虑传统建筑原有色彩，直接涂面

✓ 保留传统风貌建筑本色

图 5-4-29　传统风貌建筑色彩指引

一般既有建筑色彩指引

✗ 色彩饱和度过高，色彩杂乱

✓ 降低建筑色彩饱和度，使色彩更协调

图 5-4-30　一般既有建筑色彩指引

新建建筑色彩指引

✗ 合理搭配色彩，使其丰富并具特色

✓ 合理搭配色彩，使其丰富并具特色

图 5-4-31　新建建筑色彩指引

（3）建筑材质

滨海片区传统风格农房建筑材质主要为红砂岩、灰砖、红砖及毛石，屋顶通常采用陶瓦，局部地区使用夯土或夯土砖。在新建的传统风格建筑中搭配运用当地传统建筑材质及乡土材料，运用现代建造技术处理传统材料，并适当点缀现代材质。滨海片区现代风格农房建筑材质主要为饰面砖、外墙漆及文化石，屋顶可采用沥青瓦。在材料具体的选择上，要考虑地域气候的影响，尽量选择抗腐蚀、防潮性能好的建筑材料（图5-4-32、图5-4-33）。

图5-4-32　新建传统风格农房建筑材质指引

图5-4-33　新建现代风格农房建筑材质指引

（4）建筑屋顶

滨海片区传统风格农房建筑屋顶多为坡屋顶，新建现代风格农房建筑屋顶应衡量屋顶构架的比例尺度，增加传统风格的线脚、盝顶或采用平坡结合的方式，屋顶空间宜利用成屋顶庭院，既实用又可隔热，符合地域气候特点（图5-4-34、图5-4-35）。

图 5-4-34　农房建筑屋顶现状

图 5-4-35　农房建筑屋顶提升指引

（5）建筑外墙

对于滨海地区农房建筑外墙改造，可采取"三步骤"风貌提升法则：

①清理与拆补脏污、损坏墙体。

②修缮与翻新破损及风貌不协调的墙体。

③对墙体进行美化，并注重滨海地区特色风貌的营建，如使用地域性材料建造、装饰墙体（图5-4-36）。

图5-4-36 "三步骤"风貌提升法则

（6）建筑细部构件

农房建筑细部构件包括门、窗及装饰等（图 5-4-37、图 5-4-38）。

图 5-4-37　建筑细部构件现状

图 5-4-38　建筑细部构件现状

（7）建筑庭院

农房建筑庭院风貌提升需要注意整体设计、合理搭配植物，使庭院干净整洁、环境舒适宜人。也可以打造可食用景观庭院，更具有实用性（图5-4-39）。

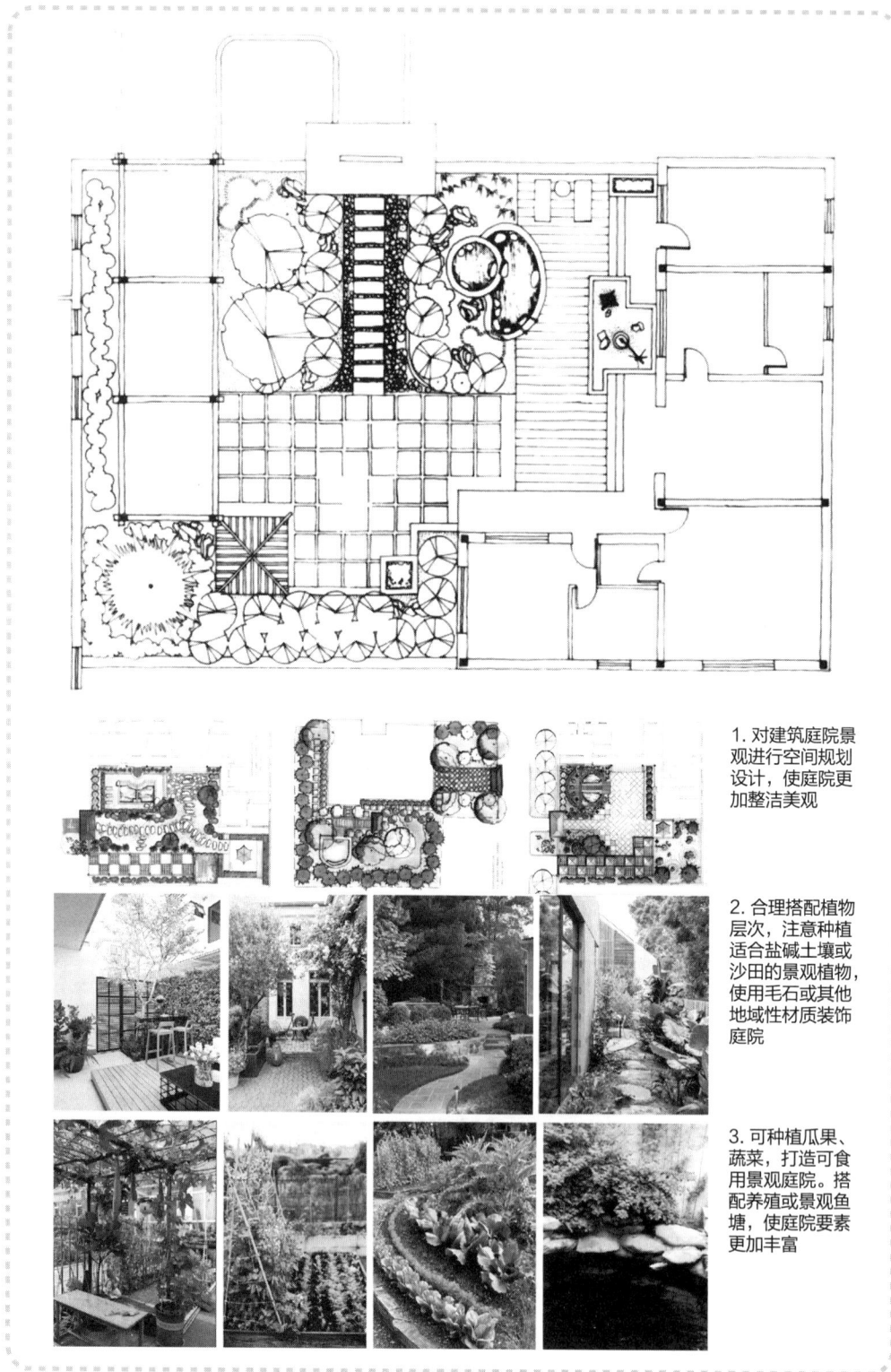

1. 对建筑庭院景观进行空间规划设计，使庭院更加整洁美观

2. 合理搭配植物层次，注意种植适合盐碱土壤或沙田的景观植物，使用毛石或其他地域性材质装饰庭院

3. 可种植瓜果、蔬菜，打造可食用景观庭院。搭配养殖或景观鱼塘，使庭院要素更加丰富

图5-4-39　农房建筑庭院风貌提升

2）公共与生产建筑

乡村公共建筑应加强对传统风貌建筑的修复，对需要更新的部分进行适当修整，合理活化利用。新建建筑应反映时代特征，注意与区域整体功能需求相结合，同时与地区整体风貌相协调（图 5-4-40、图 5-4-41）。

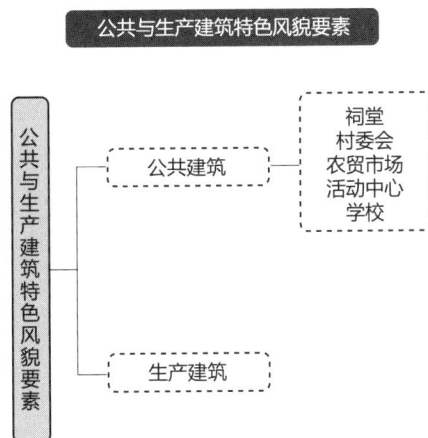

图 5-4-40　公共与生产建筑特色风貌要素

图 5-4-41　厚街镇新围社区特色风貌要素

（1）公共建筑

对于祠堂等历史建筑需要按照《广东省文物建筑合理利用指引》等相关文件要求进行专项保护和修复，祠堂应反映传统文化与历史信息，同时结合现代使用功能需求，置入垃圾箱等服务设施，合理进行活化利用（图 5-4-42、图 5-4-43）。

图 5-4-42 祠堂基础策略

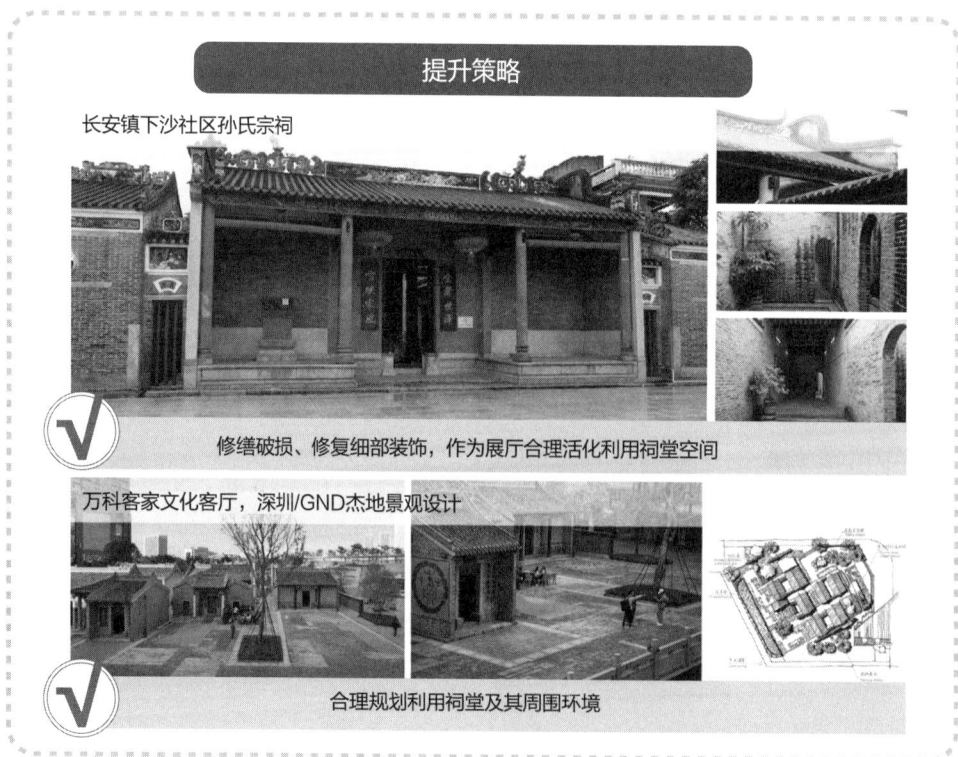

图 5-4-43 祠堂提升策略

　　新建的公共建筑在功能上，要注意满足现代人使用的功能需求，在建筑形式上要结合传统与现代，突出地域特色，既延续传统文化内涵，又体现当下时代特征（图 5-4-44、图 5-4-45）。

图 5-4-44　新建公共建筑基础策略

图 5-4-45　新建公共建筑提升策略

（2）生产建筑

东莞作为制造业发达的城市，生产建筑主要为工厂建筑。滨海片区的工厂建筑可考虑使用绿色技术，降低能耗。整体造型应简洁统一，避免杂乱，建筑风格宜与周围建筑风格相适应，符合地域性特征（图5-4-46、图5-4-47）。

图 5-4-46　工厂建筑基础策略

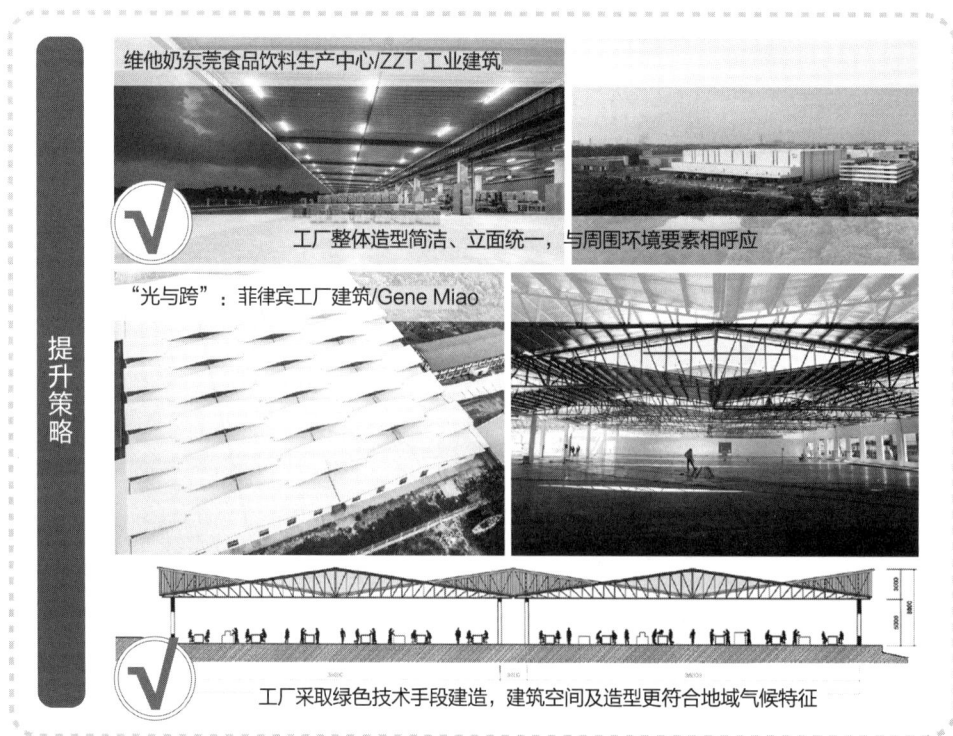

图 5-4-47　工厂建筑提升策略

5.5 都市闲隐类

都市闲隐类片区风貌特征：宜居宜业，乐游乐活。都市闲隐类特指东莞城乡范围内风貌特色不明显、缺乏突出的自然生态和人文景观资源的村落，在对此类村庄的风貌塑造引导上，应注重自身村落环境与城市整体风貌的协调，引领回归生活真实，展现现代乡村生活方式，塑造低密度、高品质的现代乡村特色风貌。

5.5.1 乡村建筑

乡村建筑材料应用上注重生态环保理念，鼓励钢、塑钢、玻璃等新型材料的应用，提高建筑舒适性。结合风格特色，采用当地传统材料，兼顾经济、实用、易操作的饰面材料，塑造生态宜居的建筑特色。颜色的选择与地方特色相适应，以整齐、简洁、清新的冷色调为主，配合表现乡村题材的纹饰、彩画等，增加村庄整体风貌特色（图 5-5-1、图 5-5-2）。

图 5-5-1 都市闲隐类村庄建筑色彩图示

图 5-5-2 都市闲隐类村庄建筑材质图示

5.5.2 公共环境

公共环境风貌塑造总体要求：

①乡村公共环境整治范围较广，应覆盖村域范围内的公共场所。包括；四小园、文体活动场所、道路环境等。

②乡村公共环境整治应结合当地自然和人文环境，科学合理的布局。

③对于公共环境的营造，既要保护和延续当地营建技艺，也要注意满足现代人审美心理、审美功能需求（图5-5-3～图5-5-5）。

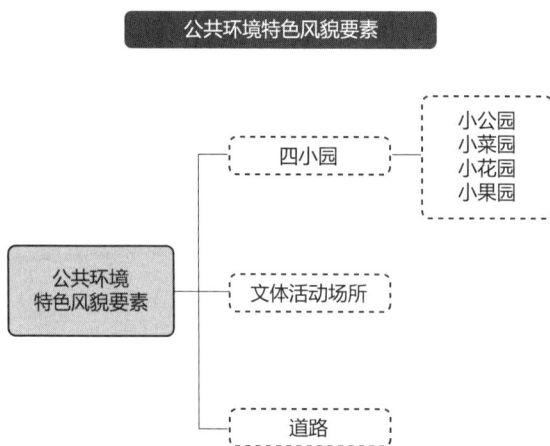

图5-5-3 公共环境特色风貌要素

沙田镇阉西村阉西山公园

厚街镇新围社区

厚街镇大迳社区河岸公园

图5-5-4 公共环境类型案例

小公园

小菜园

小花园

小果园

厚街镇大迳社区

图 5-5-5　厚街镇大迳社区公共环境类型

1. 四小园

　　小公园作为居民主要活动、聚集场所，承载多种居民日常活动，如健身、休闲、听戏等，在设计时应合理划分功能分区，运用乡土材料建造，满足多功能的使用需求（图 5-5-6～图 5-5-8）。

小公园风貌塑造要点

❌ 环境脏乱、构筑物元素多

✓ 运用当地材料及传统建筑元素建造景观构筑物，合理划分功能区域

小菜园风貌塑造要点

❌ 杂乱缺少规划

✓ 设计规划菜园布局，搭配不同乡土菜种，可尝试垂直种植的方式

小花园风貌塑造要点

❌ 临街宅前花园毫无规划

✓ 临街建筑宅前花园可以统一规划，应合理种植乡土花卉，布置花境

小果园风貌塑造要点

❌ 小果园缺乏管理

✓ 可结合小果园设置公共空间，设置具有地域特征的构筑物，种植岭南乡土果树

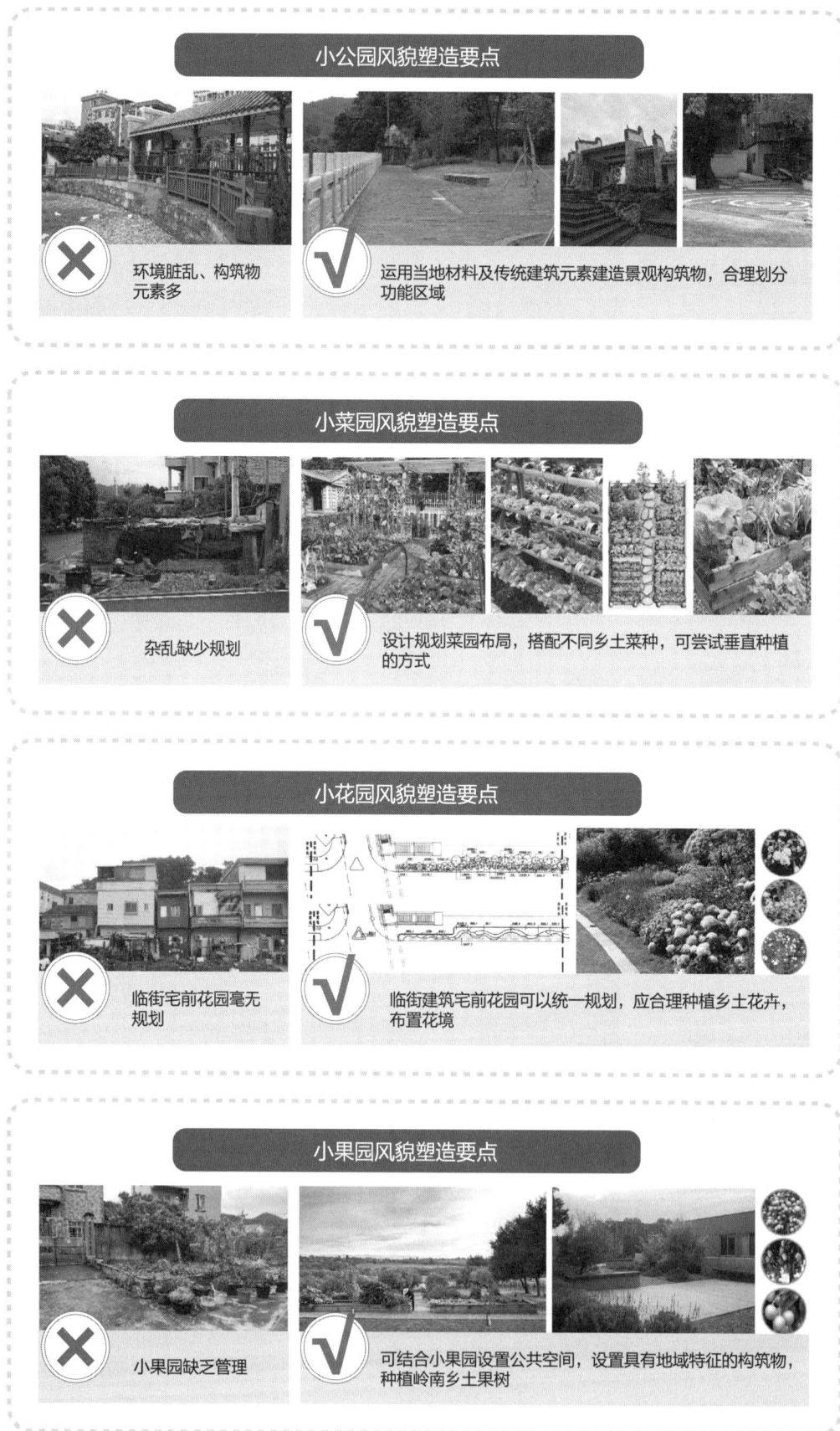

图 5-5-6　四小园塑造要点

小公园设计案例一

厚街镇大迳社区古村广场

功能区划分合理、设施齐备，材质符合当地特色，具有地域性

图 5-5-7　小公园设计案例一

小公园设计案例二

东山少爷南广场社区公园改造·广州东山口/哲迳建筑师事务所

采用灵动的曲线构图，合理配置植物层次，打造舒适的景观空间

图 5-5-8　小公园设计案例二

2. 文体活动场所

文体活动场宜在场地中设置儿童玩耍器具、老人健身器材、散步小道等设施，满足不同年龄阶段的村民日常娱乐锻炼需求。宜配置照明灯具、休息座椅等设施提高场地内的安全性和实用性（图 5-5-9、图 5-5-10 ）。

图 5-5-9　文体活动场所基础策略

图 5-5-10　文体活动场所提升策略

3. 道路

道路设置要考虑安全性，一般增设人行道，考虑人车分流。另外，需要考虑道路材质的多样性。道路两侧应种植树木，增强道路引导性，两侧的灌木植被宜选用当地适应性强的乡土植物，并注意植物层次的美观性。对于侵占道路的杂物，要及时清理，注意配备道路照明、道路标识等设施（图 5-5-11、图 5-5-12）。

图 5-5-11　道路现存问题

图 5-5-12　道路提升建议

5.5.3 标识系统

1. 总体要求

①标识系统应达到在村域全覆盖，发挥宣传栏、标志牌等的说明、引导、宣传作用。

②标识系统应尽量结合当地乡土材料，突出乡村本土的风貌特色。

③标识系统要主题突出，造型可延续传统文化元素，反映地域特征。

2. 标识系统类型

根据标识系统的使用分布，可主要分为村入口标识、宣传栏、指示标志三种类型（表5-5-1、图5-5-13～图5-5-15）。

标识系统类型 表 5-5-1

标识系统类型	类型简述
村入口标识	位于村庄入口的村名石、牌坊、景墙等
宣传栏	各种主题下的宣传栏样式以及材质
指示标志	各种用途的标识牌，如道路、位置标识

厚街镇大迳社区

厚街镇新围社区

厚街镇涌口社区西社村

图 5-5-13 标识系统案例

公共环境特色风貌要素

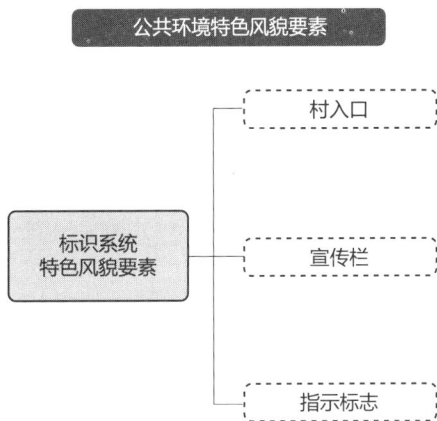

图 5-5-14　标识系统特色风貌要素分类图

厚街镇大迳社区村口标识

图 5-5-15　厚街镇大迳社区村口标识

1）村入口

村入口的标识是一个村的门面，在特色风貌塑造时，村入口的设计应考虑三个原则：

①突出入口标识，设计类型多样、醒目、和谐的入口标识。

②丰富村入口标识系统的功能性，一般可结合公共活动空间、停车场等功能。

③协调植物配置，结合花境营造良好的村入口绿化，这也是村入口标识系统的重要部分
（图 5-5-16）。

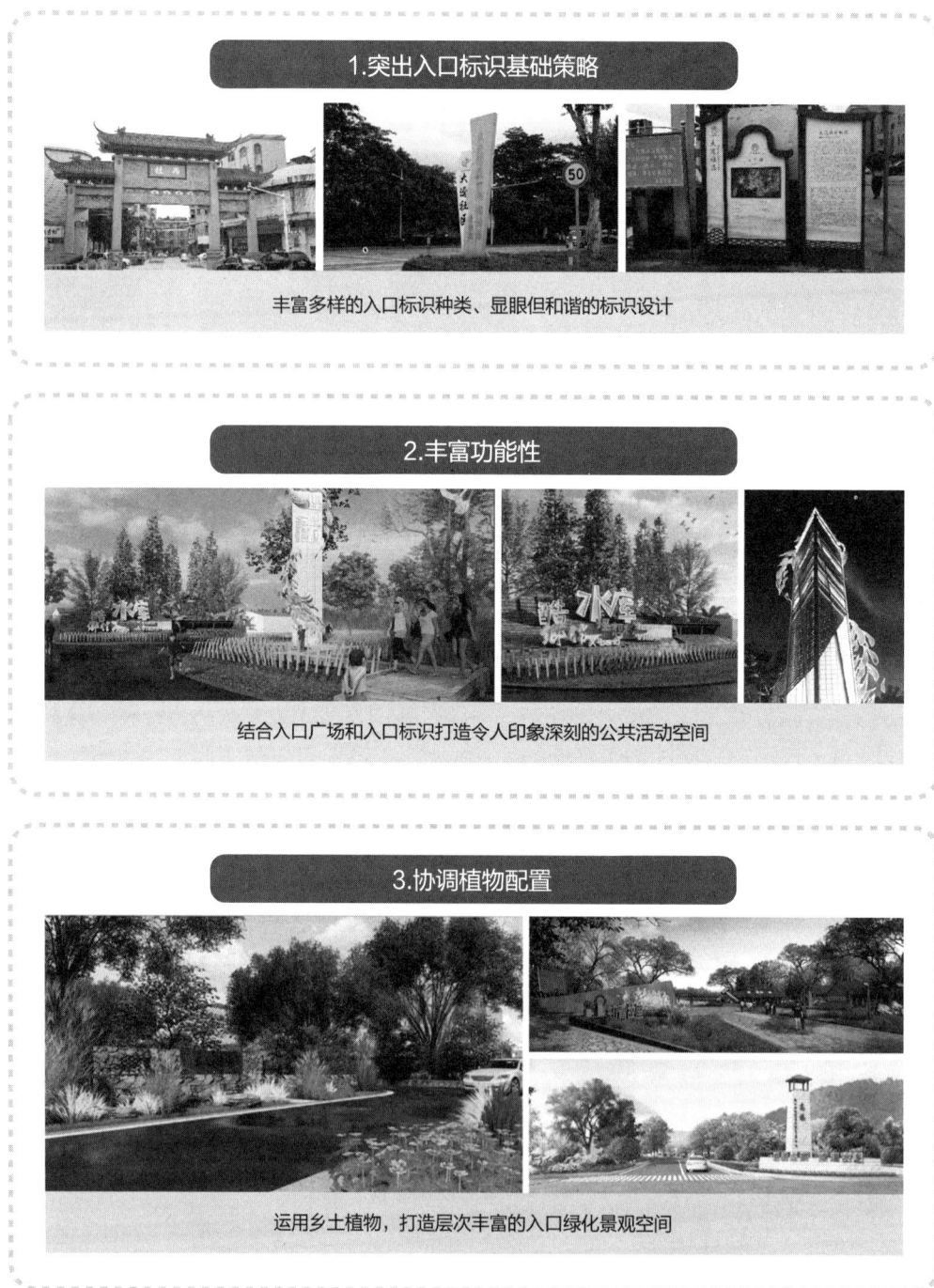

图 5-5-16　村入口标识设置原则

2）宣传栏

宣传栏一般设立在公共活动空间如村委会、公园、道路旁等，都市闲隐片区宣传栏式样可向传统建筑风格靠近，以凸显地域特色。现代风格的宣传栏可选用造型灵动现代的类型（图 5-5-17、图 5-5-18）。

图 5-5-17　宣传栏现存问题

图 5-5-18　宣传栏提升建议

3）指示标志

指示标志是特色风貌塑造中十分细节但不可忽视的要素之一。都市闲隐地区城乡指示标识系统应考虑到种类丰富性，结合地域材料选择原生态（图5-5-19、图5-5-20）。

图5-5-19　指示标志现状

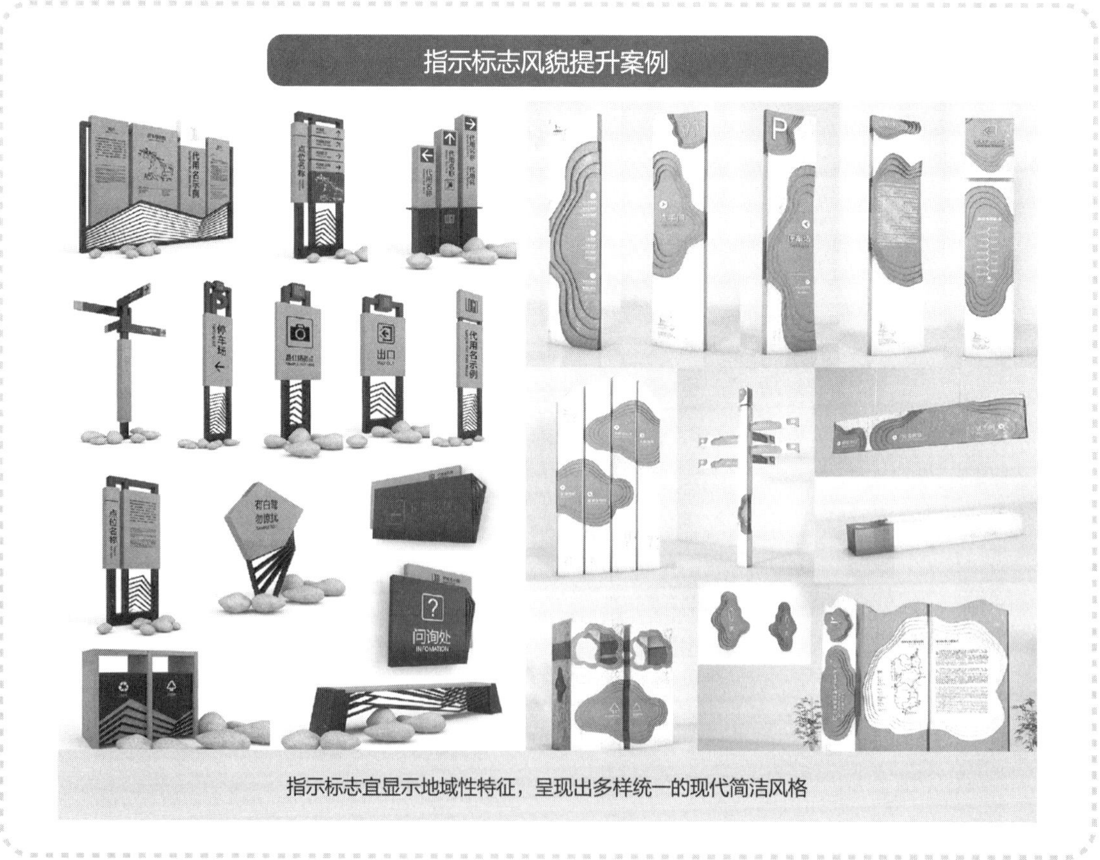

图5-5-20　指示标志风貌提升策略

参考文献

一、志史文献

［1］叶觉迈, 修; 陈伯陶, 等, 纂修. 东莞县志·卷十五·舆地略十四·物产下［M］. 民国十六年铅印本.

［2］张二果. 东莞县志. 卷一. 舆地志［M］. 崇祯十二年抄本.

［3］郭文炳. 东莞县志. 卷三. 桥渡志［M］. 康熙二十八年刻.

［4］卢祥, 纂修. 天顺《重刻卢中巫东莞旧志》卷 "风候" 条［M］. 明天顺八年（1464）修, 清代印本.

［5］屈大均. 广东新语［M］.《广州大典》第 218 册, 影印清康熙三十九年（1700）木天阁刻本, 广州: 广州出版社, 2015.

［6］［民国］朱庆澜等. 广东通志稿（二）［M］. 海口: 海南出版社, 2006: 869.

［7］东莞市地方志编纂委员会. 东莞市志［M］. 广州: 广东人民出版社, 1995.

［8］东莞市厚街镇志编纂委员会. 东莞市厚街镇志［M］. 广州: 广东人民出版社, 2015, 1.

［9］东莞市长安镇志编纂委员会. 东莞市长安镇志［M］. 广州: 广东人民出版社, 2009, 12.

［10］广东省东莞市虎门镇志编纂委员会, 虎门镇志［M］. 北京: 方志出版社, 2016. 4.

［11］东莞市茶山镇志编写组. 茶山镇志［M］. 广州: 岭南美术出版社, 2010.

［12］袁艺峰, 陈贺周等. 茶山历史建筑图志［M］. 广州: 华南理工大学出版社, 2021.

二、学术著作

［1］陈志华, 李秋香. 中国乡土建筑初探［M］. 北京: 清华大学出版社, 2012.

［2］陆元鼎. 中国客家民居与文化［M］. 广州: 华南理工大学出版社, 2001.

［3］齐康. 城市环境规划设计与方法［M］. 北京: 中国建筑工业出版社, 2003.

［4］刘滨谊等. 人居环境研究方法与应用［M］. 北京: 中国建筑工业出版社, 2015.

［5］唐孝祥. 岭南近代建筑文化与美学［M］. 北京: 中国建筑工业出版社, 2010.

［6］吴庆洲. 建筑哲理、意匠与文化［M］. 中国建筑工业出版社, 2005.

［7］周大鸣. 告别乡土社会——广东农村发展 30 年［M］. 广东: 广东人民出版社, 2008.

［8］芦原义信. 街道的美学［M］. 天津: 百花文艺出版社, 2006.

［9］原广司. 世界聚落的教示 100［M］. 北京: 中国建筑工业出版社, 2003.

［10］陆琦. 广东民居（上）［M］. 北京: 中国建筑工业出版社, 2008.

［11］凯文林奇. 城市形态［M］. 林庆怡, 陈朝晖, 邓华, 译. 北京: 华夏出版社, 2001.

［12］冯江. 祖先之翼［M］. 北京: 中国建筑工业出版社, 2010.

[13] 潘玥. 西方现代风土建筑概论[M]. 上海: 同济大学出版社, 2021.

[14] 唐孝祥. 建筑美学十五讲[M]. 北京: 中国建筑工业出版社, 2017.

[15] 王骏阳. 阅读柯林·罗的《拉图雷特》/ 王骏阳建筑学论文集[M]. 上海: 同济大学出版社, 2018.

[16] 拉普卜特. 住屋形式与文化[M]. 杨舢, 译. 天津: 天津大学出版社, 2020.

[17] OLIVER P. Encyclopedia of Vernacular Architecture of the World. [M]. Cambridge: Cambrige University Press, 1997.

[18] 东莞市政协. 东莞历史文化论集[M]. 广州: 广东人民出版社, 2008.

[19] 毛赞猷, 李炳球. 东莞历代地图选[M]. 广州: 广东人民出版社, 2012.

[20] 东莞市教育局教研室. 东莞地方历史读本[M]. 广州: 广东教育出版社, 2004.

[21] 东莞市寮步镇横坑村村民委员会. 东莞市寮步镇横坑村发展史(自元朝延祐年间至2003年, 历期680余年) [M]. 广州: 广东科技出版社, 2004.

[22] 李伯华. 农户空间行为变迁与乡村人居环境优化研究[M]. 北京: 科学出版社, 2014.

[23] 何环珠. 东莞市非物质文化遗产[M]. 北京: 中国文联出版社, 2010. 12.

[24] 东莞市文化局, 等. 东莞文物图册[M]. 北京: 中国建筑工业出版社, 2005.

[25] 田根胜. 岭南文化与东莞水乡特色发展研究[M]. 北京: 人民日报出版社, 2016. 2.

[26] 任焕林. 东莞市第三次全国文物普查成果图册: 凤岗篇[Z]. 内部印刷本, 2008.

[27] 张铁文. 东莞风情录[M]. 广州: 广东人民出版社, 2015.

[28] 黄新美. 珠江口水上居民(疍家)的研究[M]. 广州: 中山大学出版社, 1990.

[29] 尚列从乡村到城市的飞跃——广东省东莞市沙田镇经济与社会发展调研报告M北京中国社会科学出版社, 2015.

三、学术期刊

[1] 吴良镛. 乡土建筑的现代化, 现代建筑的地区化——在中国新建筑的探索道路上[J]. 华中建筑, 1998(1): 9–12.

[2] 常青. 风土观与建筑本土化风土建筑谱系研究纲要[J]. 时代建筑, 2013(3): 10–15.

[3] 王竹, 王韬. 浙江乡村风貌与空间营建导则研究[J]. 华中建筑, 2014, 32(9): 94–98.

[4] 周广坤, 卓健. 更新背景下城乡风貌规划与治理机制研究——以日本实践为例[J]. 城市规划, 2021, 45(11): 96–107.

[5] 唐孝祥, 冯楠. 广州城市特色风貌研究的新思路[J]. 中国名城, 2018(3): 43–49.

[6] 杨华文, 蔡晓丰. 城市风貌的系统构成与规划内容[J]. 城市规划学刊, 2006(2): 59–62.

[7] 俞孔坚, 奚雪松, 王思思. 基于生态基础设施的城市风貌规划——以山东省威海市城市景观风貌研究为例 [J]. 城市规划, 2008(3): 87–92.

[8] 潘玥. 保罗·奥利弗《世界风土建筑百科全书》评述[J]. 时代建筑, 2019(2): 172–173.

[9] 张颀, 王璐娟. 此时此地的乡村建筑[J]. 城市环境设计, 2015(Z2): 167+166.

[10] 刘名瑞, 江涛, 刘磊, 等. 全要素指引下的广州市村庄风貌管控体系与规划设计策略研究[J]. 小城镇建设, 2021, 39(7): 94–103.

［11］张继刚．城市景观风貌的研究对象、体系结构与方法浅谈——兼谈城市风貌特色［J］．规划师，2007（8）：14–18．

［12］唐孝祥，白颖，袁月．基于多元价值认知的东莞乡村建筑风貌塑造探讨［J］．小城镇建设，2022，40（8）：73–80+100．

［13］闫琳，孙瑞．理论—规划—管理一体化思路下的省域乡村建筑风貌研究——以湖北省为例［J］．小城镇建设，2021，39（6）：66–78．

［14］周晓红，曹彬，詹谊．农村村民自建房形式研究——"平""坡"之争［J］．建筑学报，2010（8）：1–5．

［15］赖瑛．珠三角广客民系祠堂建筑特色比较分析［J］．华中建筑，2008（8）：162–165．

［16］关于公布我市第三次全国文物普查不可移动文物名录的通知［J］．东莞市人民政府公报，2012，110（8）：10–11．

［17］段德罡．基于建筑材料视角下的乡村风貌问题及优化策略研究［J］．建设科技 2021（7）：40–43+49．

［18］唐孝祥，吴思慧．试析闽南侨乡建筑的文化地域性格［J］．南方建筑，2012（1）：48–53．

［19］周金凤．明清时期东莞宗祠、祭祀及相关问题研究——以东莞市博物馆藏相关碑刻为依据［J］．岭南文史，2010（1）：37–41．

［20］龚蔚霞，钟肖健．风水视角下的东莞水乡地区水系特征及规划探索［J］．中国名城，2013（11）：60–64．

［21］李彩虹，郭祥．麻涌凉棚［J］．城市建设理论研究，2012（35）．

［22］王东，唐孝祥．粤西南江流域传统村落与建筑的文化地域性格探析［J］．小城镇建设，2015（8）：92–97．

［23］王仲伟，郭谦．"解构—重构"美学语境下风貌杂乱旧村的营造策略研究［J］．南方建筑，2020（3）：108–113．

［24］门坤玲．问题导向的城郊传统村落活化设计探析［J］．装饰，2019（11）：100–103．

［25］黎云，陈洋，李郇．封闭与开放：城中村空间解析——以广州市车陂村为例［J］．城市问题，2007（7）：63–70．

［26］卢丹梅，韩茜，赵建华．文化融合视角下广府型客侨聚落空间形制及融合规律研究——以东莞市凤岗镇黄洞村为例［J］．城市发展研究，2022，29（11）：42–48．

［27］梅伟强．凤岗碉楼与开平碉楼比较研究［J］．五邑大学学报（社会科学版），2010，12（2）：1–4．

［28］黄铎，孙莹，张世君，魏成．珠江三角洲传统村落生态侵蚀时空演变特征［J］．地球信息科学学报，2018，20（3）：340–350．

［29］王丽丽．海岸带空间规划编制陆海统筹的关键技术探索［J］．现代城市研究，2022（7）：35–41．

［30］白颖，唐孝祥，乔忠瑞．基于文化地域性格理论的东莞乡村风貌塑造策略［C］．中国古村镇保护与发展学术研讨会论文集，2022：88–94．

［31］秦小珍，杜志威．金融危机背景下农村城镇化地区收缩及规划应对——以东莞市长安镇上沙村为［C］//2017年中国地理学会经济地理专业委员会学术年会论文摘要集，2017：119．

［32］李金和．地域文化视角下乡村建筑风貌控制思路与方法探讨［C］//中国城市规划学会，东莞市人民政府．持续发展理性规划——2017中国城市规划年会论文集（18乡村规划），2017：937–945．

四、学位论文

［1］郭海鞍．文化引导下的乡村特色风貌营建策略研究［D］．天津：天津大学，2017．

［2］肖元. 东莞村镇化地域特征与问题解析［D］. 广州: 中山大学, 2009.

［3］王怡然. 场所精神视角下当代乡村建筑院落空间设计研究［D］. 厦门: 厦门大学, 2017.

［4］贾凡. 城市建筑风貌管控策略研究［D］. 长沙: 中南大学, 2014.

［5］刘群. 首钢工业区: 面向城市风貌特色塑造的建筑风貌研究［D］. 北京: 清华大学, 2016.

［6］蔡晓丰. 城市风貌解析与控制［D］. 上海: 同济大学, 2006.

［7］付少慧. 城市建筑风貌特色塑造及城市设计导则的引入［D］. 天津: 天津大学, 2009.

［8］薛汪祥. 基于文化层次理论的广州城市特色风貌要素研究［D］. 广州: 华南理工大学, 2018.

［9］邢艺凡. 都江堰城市建筑风貌体系与控制导则研究［D］. 南京: 东南大学, 2018.

［10］查斌. 广州城市特色风貌延续策略研究［D］. 广州: 华南理工大学, 2018.

［11］鲁强. 当代建筑师的乡村建筑 "在地性" 策略研究［D］. 厦门: 厦门大学, 2017.

［12］石拓. 明清东莞广府系民居建筑研究［D］. 广州: 华南理工大学, 2006.

［13］曾碧惠. 东莞市广府传统村落街巷空间形态研究［D］. 广州: 广州大学, 2021.

［14］周娟. 东莞市传统村落文化景观特征研究［D］. 广州: 广州大学, 2021.

［15］涂文. 珠三角地区新农村建设中的民居地域文化传承研究［D］. 广州: 华南理工大学, 2017.

［16］王秋婧. "资本空间化" 视角下东莞村镇建设发展历史研究(1978–2008)［D］. 广州: 华南理工大学, 2018.

［17］叶京璐. 珠三角传统乡村聚落形态的现代演化研究［D］. 广州: 华南理工大学, 2018.

［18］李焕连. 文化景观视角下的沙田疍家文化保护及开发利用研究［D］. 广州: 华南农业大学, 2020.

［19］唐封强. 延续地域文化的广州南平村建筑改造研究［D］. 广州: 华南理工大学, 2020.

［20］侯正华. 城市特色危机与城市建筑风貌的自组织机制［D］. 北京: 清华大学, 2003.

［21］赵晗. 东莞祠堂建筑遗产价值研究［D］. 广州: 华南理工大学, 2022.

［22］公晓莺. 广府地区传统建筑色彩研究［D］. 广州: 华南理工大学, 2013.

［23］王东. 明清广州府传统村落审美文化研究［D］. 广州: 华南理工大学, 2017.

［24］陈洁. 珠三角水乡传统滨水建筑空间研究［D］. 广州: 华南理工大学, 2011.

［25］周娟. 东莞市传统村落文化景观特征研究［D］. 广州: 广州大学, 2021.

［26］余文博. 珠江三角洲广府传统水乡聚落的景观意象研究［D］. 广州: 华南理工大学, 2020.

［27］区锐威. 东莞水乡地区乡村空间规划策略研究［D］. 广州: 华南理工大学, 2021.

［28］蔡梦凡. 海南陵水新村疍家聚落空间研究［D］. 广州: 华南理工大学, 2021.

后 记

　　本书是基于东莞乡村促进中心的两个实践课题："东莞乡村建筑形态与风貌分类指引研究"（项目编号：DGXCZX202001）和"基于美丽中国建设理念的东莞城乡特色风貌塑造指引研究"（项目编号：DGXCZX202101）所进行的延伸研究。在实践课题研究成果的基础上，本书进一步从城乡融合发展的视角出发，对城乡风貌塑造进行了深入探讨和提炼。

　　本书的选题基于文化地域性格理论，是对东莞乡村风貌塑造的一次有意义的探索和实践。通过系统识别并提炼出具有浓厚东莞地域特色的风貌要素，归纳东莞乡村的风貌类型及其特点。本书构建了东莞城乡特色风貌塑造的导控体系，为科学引导东莞乡村特色风貌的塑造提供了理论支持，旨在为城乡融合发展背景下的特色风貌建设提供参考和借鉴。

　　完成本书的过程中，我们得到了众多合作者的慷慨帮助与专业指导。特别感谢中国建筑工业出版社唐旭主任和高瞻编辑及其团队老师们的辛勤工作、华南理工大学建筑学院的立项支持，确保了本书的顺利出版；感谢东莞乡村促进中心的李艳芳、东莞土木建筑学会的郑金伙和邹海燕，以及广东筑奥生态环境股份公司在课题组实地调研中的大力的配合与支持。同时，诚挚感谢课题组成员赵晗、马嘉雯、乔忠瑞、徐舒晨、张静怡、谭芊、张梦晴、李美珍等在书稿研讨、资料整理、图表绘制等方面的积极贡献。此外，本书参考了国内外众多专家学者的研究成果，未能一一列出，在此表示感谢和致意。

2024 年 4 月　于广州